Altlastenhandbuch des Landes Niedersachsen
Geologische Erkundungsmethoden

Springer

*Berlin
Heidelberg
New York
Barcelona
Budapest
Hong Kong
London
Mailand
Paris
Santa Clara
Singapur
Tokio*

Niedersächsisches Landesamt für Ökologie
Niedersächsisches Landesamt für Bodenforschung
als Landesarbeitsgruppe LAA

Altlastenhandbuch des Landes Niedersachsen

Materialienband

Geologische Erkundungsmethoden

M. Heinisch
G. Dörhöfer
H. Röhm

Mit 80 Abbildungen und 5 Tabellen

 Springer

NIEDERSÄCHSISCHES LANDESAMT FÜR ÖKOLOGIE
Postfach 101062
D-31110 Hildesheim

NIEDERSÄCHSISCHES LANDESAMT FÜR BODENFORSCHUNG
Postfach 510153
D-30631 Hannover

ISBN 3-540-60955-5 Springer-Verlag Berlin Heidelberg New York

Die Deutsche Bibliothek - CIP-Einheitsaufnahme

Altlastenhandbuch des Landes Niedersachsen: Materialienband geologische Erkundungsmethoden Niedersächsisches Landesamt für Ökologie; Niedersächsisches Landesamt für Bodenforschung als Landesarbeitsgruppe LAA . – Berlin; Heidelberg; New York; Barcelona; Budapest; Hong Kong; London; Mailand; Paris; Santa Clara; Singapur; Tokio: Springer 1997
    ISBN 3-540-60955-5
Nebent.: Materialien zum Altlastenhandbuch Niedersachsen
NE: Heinisch, Michael

Dieses Werk ist urheberrechtlich geschützt. Die dadurch begründeten Rechte, insbesondere die der Übersetzung, des Nachdrucks, des Vortrags, der Entnahme von Abbildungen und Tabellen, der Funksendung, der Mikroverfilmung oder der Vervielfältigung auf anderen Wegen und der Speicherung in Datenverarbeitungsanlagen, bleiben, auch bei nur auszugsweiser Verwertung, vorbehalten. Eine Vervielfältigung dieses Werkes oder von Teilen dieses Werkes ist auch im Einzelfall nur in den Grenzen der gesetzlichen Bestimmungen des Urheberrechtsgesetzes der Bundesrepublik Deutschland vom 9. September 1965 in der jeweils geltenden Fassung zulässig. Sie ist grundsätzlich vergütungspflichtig. Zuwiderhandlungen unterliegen den Strafbestimmungen des Urheberrechtsgesetzes.

Die Wiedergabe von Gebrauchsnamen, Handelsnamen, Warenbezeichnungen usw. in diesem Werk berechtigt auch ohne besondere Kennzeichnung nicht zu der Annahme, daß solche Namen im Sinne der Warenzeichen- und Markenschutz-Gesetzgebung als frei zu betrachten wären und daher von jedermann benutzt werden dürften.

© Springer-Verlag Berlin Heidelberg 1997
Printed in Germany

Satz: Reproduktionsfertige Vorlage vom Autor
Einbandgestaltung: E. Kirchner, Heidelberg

SPIN: 10467759   30/3136 – 5 4 3 2 1 0 – Gedruckt auf säurefreiem Papier

Vorwort

In Niedersachsen wurde ab 1985 mit der systematischen Entwicklung und Umsetzung eines Stufenkonzepts zur einheitlichen Behandlung von Altlasten begonnen. Dabei hat man sich zunächst auf die Erfassung und Beurteilung aller Altablagerungen konzentriert. Die Nachsorge im variantenreichen Problemfeld der „Altlasten" ist sowohl technisch als auch finanziell nur in einer Langzeitperspektive zu lösen. Die an potentiellen und erwiesenen Altlasten durchzuführenden Maßnahmen werden über lange Zeiträume erforderlich sein und stellen hohe Anforderungen an Methodik und praktische Durchführung. Das Altlastenhandbuch soll helfen, den organisatorischen und fachlichen Rahmen zu vermitteln, in dem sich eine Vielzahl von Fachleuten bei Behörden und Einrichtungen, bei Instituten und Fachfirmen, aber auch betroffene oder im Umweltschutz engagierte Einzelpersonen um angemessene Lösungen bemühen.

Nach Herausgabe des Teil I durch das Niedersächsische Umweltministerium und des Materialienbandes „Berechnungsverfahren und Modelle" markiert der vorliegende Band einen weiteren Schritt hin zur Realisierung des Gesamtkonzeptes.

Er enthält eine umfassende Darstellung aller wichtigen geologischen Methoden, die bei der Erkundung des Untergrundes an Altlastverdachtskörpern und -flächen eine Rolle spielen. Der Erkundung kommt eine besondere Bedeutung zu, weil vor der Entscheidung, ob eine Sanierung erforderlich ist, die Sachverhalte im Detail zu klären sind. Erst auf der Grundlage belastbarer Erkundungsdaten kann eine angemessene Sanierungsplanung betrieben werden.

In diesem Band wurde besonders auf allgemein verständliche Erklärungen und exemplarische Darstellungen geachtet. Neben der Erläuterung des jeweiligen Verfahrens selbst erschien es wichtig, die Anwendungsbereiche darzulegen und Hinweise zur Planung und Durchführung zu geben, um eine große Praxisnähe zu gewährleisten. Dem dienen auch die Hinweise auf die besonderen Aspekte der Arbeitssicherheit, der Auswertungsmöglichkeiten, der potentiellen Fehlerquellen und nicht zuletzt der Kosten. Schwerpunkte stellen die Kapitel über die „Geologische Oberflächenerkundung" und über „Geologische Aufschlußmethoden" dar. Gerade bei den vielfältigen Bohrverfahren wurde ein besonderer Bedarf für eine moderne und praxisnahe zusammenfassende Darstellung gesehen.

Vor einer Sanierungsplanung ist in der Regel eine Überwachungsphase angeraten, die eine Beobachtung der erkannten Kontaminationen zuläßt. Hierbei muß auf die hohe Qualität der zu analysierenden Proben geachtet werden, die nur aus funktionsfähigen und repräsentativen Meßstellen gewonnen werden können. Das entsprechende Kapitel stellt somit einen weiteren wichtigen Block innerhalb des Bandes dar.

Zusammenfassende Darstellungen der Einsatzbereiche dieser und anderer Methoden finden sich im wissenschaftlich-technischen Teil des Altlastenhandbuches.

Auf den empfehlenden Charakter des Altlastenhandbuches und der Materialienbände sei ausdrücklich hingewiesen.

Die Inhalte dieses Bandes beruhen zum Teil auf Ausarbeitungen des wissenschaftlichen Fachbüros Geo-Infometric, Hildesheim. Zusätzlich wurden die Autoren durch eine Vielzahl von Kollegen innerhalb und außerhalb des NLfB und des NLÖ durch Korrekturlesungen sowie sachliche Verbesserungsvorschläge unterstützt. Die Zeichnungen wurden sämtlich von Herrn Peter Ludwiczak neu erstellt oder nach Vorlagen umgezeichnet. Dadurch ist ein umfangreiches und einheitliches Bildmaterial entstanden, das den vorliegenden Text in exemplarischer Weise ergänzt. Wir danken an dieser Stelle dem Verlag, den Autoren, den Bearbeitern und allen jenen, die im Umfeld den Weg bereitet und in vielfältiger Weise zur Entstehung dieses Bandes beigetragen haben.

Für die Landesarbeitsgruppe Altlasten

K. Mücke

Niedersächsisches
Landesamt für Ökologie
Hildesheim

G. Dörhöfer

Niedersächsisches
Landesamt für Bodenforschung
Hannover

Inhaltsverzeichnis

Seite

1 Geologische Oberflächenerkundung 1
  1.1   Karten 1
      1.1.1   Kartentypen 2
            1.1.1.1   Topographische Karten 2
            1.1.1.2   Geowissenschaftliche Karten 6
      1.1.2   Anwendungsbereiche 16
      1.1.3   Planung/Durchführung 16
      1.1.4   Auswertung 17
      1.1.5   Fehlerquellen 22
      1.1.6   Qualitätssicherung 26
      1.1.7   Zeitaufwand 27
      1.1.8   Kosten 27
      2.1.9   Bezugsquellen 28
  1.2   Luftbilder 29
      1.2.1   Aufnahmetechnik 30
            1.2.1.1   Luftbildtypen 30
            1.2.1.2   Bildflug 30
            1.2.1.3   Luftbildphotographie 33
            1.2.1.4   Filmmaterial 34
      1.2.2   Anwendungsbereiche 34
      1.2.3   Planung/Durchführung 36
            1.2.3.1   Technische Daten von Luftbildern 38
      1.2.4   Auswertung 39
            1.2.4.1   Orientierung von Luftbildern 39
            1.2.4.2   Topographischer und geologischer Informationsgehalt 40
            1.2.4.3   Arbeitstechnik der Luftbildauswertung 44
      1.2.5   Fehlerquellen 52
      1.2.6   Qualitätssicherung 54
      1.2.7   Zeitaufwand 55
      1.2.8   Kosten (Stand 1996) 56
      1.2.9   Bezugsquellen 56

2 Geologische Aufschlußmethoden 59
  2.1   Schürfe 59
      2.1.1   Anwendungsbereiche 59
      2.1.2   Planung/Durchführung 60
      2.1.3   Auswertung 63
      2.1.4   Fehlerquellen 64
      2.1.5   Qualitätssicherung 65
      2.1.6   Zeitaufwand 66
      2.1.7   Kosten 66
      2.1.8   Bezugsquellen 67
  2.2   Sondierbohrungen 68

- 2.2.1 Anwendungsbereiche ... 68
- 2.2.2 Planung/Durchführung ... 69
- 2.2.3 Auswertung ... 72
- 2.2.4 Fehlerquellen ... 73
- 2.2.5 Qualitätssicherung ... 73
- 2.2.6 Zeitaufwand ... 74
- 2.2.7 Kosten ... 75
- 2.2.8 Bezugsquellen ... 75
- 2.3 Bohrungen ... 77
  - 2.3.1 Anwendungsbereiche ... 78
  - 2.3.2 Bohrverfahren ... 79
    - 2.3.2.1 Greiferbohrungen ... 81
    - 2.3.2.2 Schlagbohrungen ... 81
    - 2.3.2.3 Rammbohrungen, Rammkernbohrungen ... 83
    - 2.3.2.4 Trockene Drehbohrungen ... 85
    - 2.3.2.5 Spülende Drehbohrungen ... 88
    - 2.3.2.6 Lufthebeverfahren ... 110
    - 2.3.2.7 Schlagdrehbohrungen ... 112
    - 2.3.2.8 Verdrängungsbohrungen ... 113
  - 2.3.3 Auswahl von Bohrverfahren und Bohrgerät ... 114
  - 2.3.4 Vorschriften ... 120
  - 2.3.5 Auswertung ... 123
    - 2.3.5.1 Qualität fester Proben in Abhängigkeit vom Bohrverfahren ... 123
    - 2.3.5.2 Probenahme ... 126
  - 2.3.4 Fehlerquellen ... 146
  - 2.3.5 Qualitätssicherung ... 147
  - 2.3.6 Zeitaufwand ... 147
  - 2.3.7 Kosten ... 149
  - 2.3.8 Bezugsquellen ... 149

3 Anlage, Bau und Ausbau von Meßstellen ... 151
- 3.1 Grundwassermeßstellen ... 154
  - 3.1.1 Überwachungsbrunnen ... 154
    - 3.1.1.1 Bau von Grundwasserüberwachungsbrunnen ... 156
    - 3.1.1.2 Abschlußbauwerke ... 158
    - 3.1.1.3 Reinigung und Klarpumpen ... 160
    - 3.1.1.4 Besonderheiten beim Bau von Mehrfachmeßstellen .. 160
    - 3.1.1.5 Besonderheiten beim Bau von Multilevel-Brunnen ... 160
    - 3.1.1.6 Besonderheiten beim Bau von Rammfilterbrunnen ... 162
    - 3.1.1.7 Anforderungen an das Ausbaumaterial ... 163
    - 3.1.1.8 Ausbauüberwachung, Funktionskontrolle und Abnahme ... 166
  - 3.1.2 Andere Brunnen ... 167
  - 3.1.3 Schächte und Pegel ... 169

      3.1.4 Anordnung von Grundwassermeßstellen 171
            3.1.4.1 Abstufung von Filterabschnitten in
                     Überwachungsbrunnen 171
            3.1.4.2 Zonare Anordnung von Meßstellen 174
            3.1.4.3 Meßstellennetze 177
3.2   Meßstellen in und auf Altlastverdachtsflächen 180
      3.2.1 Sickerwassermeßstellen 180
      3.2.2 Gasmeßstellen 184
      3.2.3 Arbeitssicherheit 184
3.3   Dokumentation und Qualitätssicherung von Meßstellen 185
      3.3.1 Dokumentation 185
      3.3.2 Fehlerquellen 186
      3.3.3 Qualitätssicherung 187
      3.3.4 Zeitaufwand 188
      3.3.5 Kosten 188
      3.3.6 Bezugsquellen 188

4   **Literatur** **190**

Abbildungsverzeichnis

Seite

Abb. 1. Ausschnitt aus einer topographischen Karte 5
Abb. 2. Ausschnitt aus einer geologischen Karte 8
Abb. 3. Geologischer Profilschnitt aus der geologischen Karte konstruiert 9
Abb. 4. Profiltypen zur Profiltypenkarte in Abb. 5 11
Abb. 5. Ausschnitt aus einer Profiltypenkarte 12
Abb. 6. Ausschnitt aus einer Karte der präquartären Schichten 13
Abb. 7. Ausschnitt aus einer hydrogeologischen Karte 14
Abb. 8. Ausschnitt aus einer Übersichtskarte der oberflächennahen
 Rohstoffe 15
Abb. 9. Ausschnittsverkleinerung aus der DGK5 aus dem Jahre 1964,
 Maßstab ca. 1 : 7.000 18
Abb. 10. Ausschnittsverkleinerung aus der DGK5 aus dem Jahre 1969,
 Maßstab ca. 1 : 7.000 19
Abb. 11. Ausschnittsverkleinerung aus der DGK5 aus dem Jahre 1977,
 Maßstab ca. 1 : 7.000 20
Abb. 12. Ausschnittsverkleinerung aus der DGK5 aus dem Jahre 1982,
 Maßstab ca. 1 : 7.000 21
Abb. 13. Luftbild einer Zechenanlage, Maßstab 1 : 5.000 23
Abb. 14. Auschnitt aus der DGK5 24
Abb. 15. Ausschnittsvergrößerung aus der TK25, Maßstab 1 : 5.000. 25
Abb. 16. Befliegungsmuster von Bildflügen 31
Abb. 17. Abhängigkeit des Luftbildmaßstabs von Brennweite und Flughöhe .. 31
Abb. 18. Gleicher Luftbildmaßstab bei unterschiedlichen Brennweiten und
 Flughöhen. 32
Abb. 19. Abbildung durch Zentralprojektion. 33
Abb. 20. Strahlengang unter dem Spiegelstereoskop. 36
Abb. 21. Räumliches Sehen 37
Abb. 22. Bildmittelpunkte und Bildbasis. 40
Abb. 23. a dendritisches, **b** rechtwinkliges, **c** spalierartiges und **d** radiales
 Entwässerungsmuster 43
Abb. 24. Ermittlung der angepaßten Bildbasis. 47
Abb. 25. Ermittlung der Parallaxendifferenz zweier höhenungleicher
 Geländepunkte H (Hochpunkt) und T (Tiefpunkt). 48
Abb. 26. Ermittlung von Mächtigkeiten. 50
Abb. 27. Ermittlung vertikaler Versatzbeträge. 50
Abb. 28. Ermittlung von Schichteinfallen und Böschungswinkel. 51
Abb. 29 Ermittlung von Schichtmächtigkeiten bei mittlerem Einfallen. 51
Abb. 30. Ermittlung von Schichtmächtigkeiten bei steilem Einfallen. 52
Abb. 31. Maße von Schürfen ohne Verbau 61
Abb. 32. Nutsonde mit Verlängerungsstange und austauschbaren
 Schlagköpfen 70

Abb. 33. Kernsonde mit Kernfangfeder und Schlagkopf für Motorhammer ...71
Abb. 34. Ventilbohrer: **a** Schlammbüchse und **b** Kiespumpe 82
Abb. 35. Schlagschappe 83
Abb. 36. Arbeitsschritte beim Rammkernverfahren. 85
Abb. 37. Drehschappen 86
Abb. 38. a Schneckenbohrer und **b** Spiralbohrer 87
Abb. 39. Kernbohren mit der Hohlbohrschnecke. 89
Abb. 40. Auf LKW montiertes Bohrgerät...90
Abb. 41. Bohrstange mit Verbindern..93
Abb. 42. Wirkung **a** unzureichender und **b** adäquater Zugbelastung des Bohrstranges durch Schwerstangen. 95
Abb. 43. Stabilisatoren mit **a** spiraligen und **b** geraden Stützrippen 96
Abb. 44. a Flügelmeißel und **b** Stufenmeißel 97
Abb. 45. a Zahnmeißel („Draufsicht") und **b** Warzenmeißel (Seitenansicht)...99
Abb. 46. Verschiedene Diamantmeißel 100
Abb. 47. Rollenbohrkronen mit **a** 4 und **b** 6 Rollen 101
Abb. 48. a Diamantbohrkrone mit Oberflächenbesatz, **b** imprägnierte Diamantbohrkrone und **c** Hartmetallbohrkrone.............................102
Abb. 49. Kernorientierung durch Bohren eines Pilotbohrloches 105
Abb. 50. Untertageantrieb mit Neigungsübergang zum Richtbohren. 109
Abb. 51. Aufbau einer Turbine 110
Abb. 52. Schematische Darstellung des Lufthebeverfahrens......................112
Abb. 53. Warzenmeißel für Schlagdrehbohrungen 113
Abb. 54. Beispiel für die Berechnung des Ringraumvolumens einer Bohrung 130
Abb. 55. Entwicklung des Ringraumvolumens..132
Abb. 56. Beschriftung von Probentüten und -gefäßen 133
Abb. 57. Vergleichsbilder für die visuelle Abschätzung prozentualer Gesteinsanteile, Ausschnitt. 133
Abb. 58. Numerierung von Kernmaterial..141
Abb. 59. Etikett zur Beschriftung von Kernkisten 143
Abb. 60. Vorschrift zur Beprobung von Kernmaterial 145
Abb. 61. Technische Anlagen, die als Meßstellen genutzt werden können...153
Abb. 62. Grundwassermeßstellen im Umfeld einer Altlast, die zu unterschiedlichen Zwecken genutzt werden können.....................155
Abb. 63. Prinzipieller Aufbau eines Grundwasserüberwachungsbrunnens an einer Altlast 156
Abb. 64. Ausführung von Abschlußbauwerken an Überwachungsbrunnen. **a** überflur und **b** unterflur..159
Abb. 65. Meßprotokoll über chemische und physikalische Parameter beim Klarpumpen eines Überwachungsbrunnens 161
Abb. 66. Schematische Darstellung eines Multilevel-Brunnens (Ausschnitt) ..162
Abb. 67. Schematische Darstellung eines Rammfilterbrunnens...................163
Abb. 68. Geologisches Profil und Ausbauschema...168

Abb. 69. a Lattenpegel als Schrägpegel, **b** Installation eines Pegels mit Schwimmer und **c** Installation eines Pegels mit Drucksonde..........169
Abb. 70. Installation eines Pegels mit Echolot.................170
Abb. 71. Anordnung von Überwachungsbrunnen. **a** einfache Anordnung mit kurzer Filterstrecke und Vollfilterstrecke, **b** Gruppenanordnung und **c** Mehrfachanordnung......................172
Abb. 72. Anordnung von Überwachungsbrunnen zur Beprobung unterschiedlicher Grundwasserstockwerke....................173
Abb. 73. Anordnung von Grundwassermeßstellen zur Ermittlung von Grundwasserständen.......................174
Abb. 74. Anordnung von Meßstellen in Überwachungszonen.....................176
Abb. 75. Beispielhafte Darstellung der Anordnung vorhandener Meßstellen in Erkundungs- und Überwachungsmeßnetzen..................178
Abb. 76. Anordnung von Grundwassermeßstellen im Bereich einer Altlastverdachtsfläche in verschiedenen Untersuchungsphasen.....179
Abb. 77. Anordnung von Grundwassermeßstellen in Abhängigkeit vom Einzugsbereich eines Trinkwasserbrunnens 180
Abb. 78. Schematische Anordnung einer Sickerwassermeßstelle am Fuß einer Altablagerung..........................181
Abb. 79. Schematischer Aufbau einer Sickerwassermeßstelle am Fuß einer Altablagerung mit **a** eingegrabener Tonne **b** Drainagerohrwicklung um Filterrohre. 182
Abb. 80. Schematische Vorgehensweise beim Ausbau eines Schurfs zur Sickerwassermeßstelle 183

Tabellenverzeichnis

Seite

Tabelle 1.	Erläuterung der in Abb. 4 dargestellten Profiltypen	10
Tabelle 2.	Übersicht über die wichtigsten beschriebenen Bohrverfahren und Bohrwerkzeuge	80
Tabelle 3.	Durchführbarkeit von Untersuchungen an Bohrkernen und Bohrklein	125
Tabelle 4.	Feldmethoden zur Gesteinsbestimmung	135
Tabelle 5.	Typen von Meßstellen und ihre Einsatzbereiche	152

1 Geologische Oberflächenerkundung

Erste Informationen zur Erfassung von Altlastverdachtsflächen lassen sich gewinnen durch

- Studium archivierter Akten, Gutachten, Pläne und Vorgänge bei Behörden und Ingenieurbüros,
- Recherchen in Archiven (Archive der Betriebe, Gemeinden, Kreise, Bezirke, Länder und des Staates) wie auch
- Befragung von Sachbearbeitern in Behörden und Betrieben sowie Zeitzeugen aus der Bevölkerung unter Nutzung der lokalen Medien.

Hat die historische Recherche den Verdacht auf das Vorhandensein einer Altablagerung oder eines Altstandortes erhärtet, besteht der nächste Erkundungsschritt zur Eingrenzung in der Anwendung von beprobungslosen Methoden der geologischen Oberflächenerkundung, nämlich der multitemporalen Auswertung von *Karten* und *Luftbildern*.

1.1 Karten

Nach Durchführung der historischen Recherche lassen sich weitere grundlegende Informationen den verschiedenen Kartentypen entnehmen. In diesem Kapitel sollen die Möglichkeiten der Auswertung bereits vorhandenen Kartenmaterials zur Erlangung historischer, geologischer und hydrogeologischer Informationen bei der Erkundung von Altlastverdachtsflächen und der Planung des weiteren Vorgehens erläutert werden.

Die Kartenwerke in ihrer heutigen analogen Druckform werden sicher auch in Zukunft weiterhin zur Verfügung stehen. So ist das Niedersächsische Landesamt für Bodenforschung per Gesetz verpflichtet, pro Jahr drei neue Blätter der Geologischen Karte im Maßstab 1 : 25 000 (GK25) aufzulegen. Allerdings wird die Nutzung digitaler Datenbestände deutlich zunehmen. Die GK25 einschließlich ihrer Beiblätter wird bereits heute bis zur Drucklegung auf digitalem Weg erstellt; von den insgesamt 435 Blättern der Geologischen Karte von Niedersachsen (einschließlich der 39 Blätter der Bodenkundlich-geologischen Karte der Marschengebiete) lagen im Januar 1996 ca. 260 in digitaler Form vor. Geowissenschaftliche Informationssysteme werden neue Möglichkeiten der Darstellung und Interpretation topographischer, geologischer und hydrogeologischer Sachverhalte bieten. Zur Zeit befinden sich verschiedene Datenbanken und Informationssysteme im Aufbau, die es erlauben, Kartenausschnitte interessierender Gebiete in Form von Plots der gewünschten Parameter zu erstellen. Diese digitalisierten Informationen lassen sich für die Erkundung von Altablagerungen und Altstandorten wie auch für die Planung künftiger Deponien nutzen.

Grundlagen der Kartographie vermitteln Hake & Grünreich (1994) sowie Wilhelmy (1975) und Witt (1979). Die thematische Kartographie wird durch Arnberger (1966) und Imhoff (1972) behandelt. Spezielle Hinweise zur Arbeit mit geowissenschaftlichen Karten geben Blaschke et al. (1989), Demek (1976) und Voßmerbäumer (1991).

1.1.1 Kartentypen

Anders als Bilder sind Karten modellhafte, maßstäbliche graphische Darstellungen der Realität zu einem bestimmten Zeitpunkt, wobei gewisse Elemente hervorgehoben und andere unterdrückt werden. Zu ihrem Verständnis sind Erläuterungen in Form von Legenden erforderlich. Nach der Art des Karteninhalts lassen sich topographische und thematische Karten unterscheiden.

1.1.1.1 Topographische Karten

Topographische Karten beschränken sich im wesentlichen auf die Darstellung der Form des Geländes, seines Bewuchses, seiner Erschließung und Bebauung sowie der Lage von Gewässern. Zu den topographischen Karten zählen

- Katasterkarten,
- Stadtkarten,
- Landkarten,
- Straßenkarten, Wanderkarten und
- Seekarten.

Auf der Basis topographischer Karten stellen *thematische Karten* bestimmte Themen in den Vordergrund. Solche Themen sind beispielsweise

- Geologie und Tektonik,
- Ingenieurgeologie,
- Bodenmechanik,
- Hydrogeologie,
- Bodenkunde,
- Lagerstätten und Rohstoffe,
- Land- und Forstwirtschaft,
- Vegetation,
- Meteorologie, Klimatologie sowie
- Verkehr und Raumordnung.

Letzteres Beispiel und die Tatsache, daß topographische Karten die Grundlage für thematische Karten bilden, zeigen, daß der Übergang zwischen beiden Kartentypen fließend sein kann: Eine Straßen- oder Wanderkarte läßt sich eben-

Geologische Oberflächenerkundung 3

sogut dem Themenkreis „Verkehr und Raumordnung", eine Katasterkarte dem Themenkreis „Raumordnung, Planung, Eigentum" zuordnen.

Beide Kartentypen können nach der Art ihrer Entstehung in Grundkarten und abgeleitete Karten unterteilt werden. *Grundkarten* entstehen unmittelbar durch graphische Umsetzung der Geländedaten als Erstlingswerke. *Abgeleitete Karten* entstehen durch Generalisierung anderer Karten, so auch der Grundkarten.

Nach der Herkunft lassen sich amtliche und private Karten unterscheiden. *Amtliche Karten* werden von staatlichen Institutionen aus übergeordnetem Interesse nach bindenden Vorschriften erstellt und regelmäßig aktualisiert. Diese Gestaltungsregeln sichern ein hohes Maß an Einheitlichkeit und Objektivität bei der Darstellung von Karteninhalten amtlicher Karten, wie es von privaten Karten nur selten erreicht wird. Auskunft über den Bearbeitungsstand der einzelnen Kartenblätter, ihre Verfügbarkeit und die Bezugsquelle geben die Blattübersichten der jeweiligen Kartenwerke. Zu erwähnen sind hier die topographischen Kartenwerke

- Deutsche Grundkarte 1 : 5.000 (DGK5),
- Topographische Karte 1 : 25.000 (TK25),
- Topographische Karte 1 : 50.000 (TK50),
- Topographische Karte 1 : 100.000 (TK100)

sowie die thematischen Kartenwerke

- Bodenkarte 1 : 5.000 (BK5),
- Bodenkarte 1 : 25.000 (BK25),
- Bodenkundlich-geologische 1 : 25.000
  Karte der Marschengebiete
- Geologische Karte 1 : 25.000 (GK25),
- Hydrogeologische Karte 1 : 50.000 (HK50),
- Geol. Übersichtskarte 1 : 200.000 (GÜK200).

Zu den *privaten Karten* zählen vor allem Straßenkarten wie die Deutsche Generalkarte im Maßstab 1 : 200 000, aber auch Atlanten, Stadtpläne, Wander- und Schulwandkarten.

Ein weiteres Ordnungskriterium für Karten ist ihr *Maßstab*. Man unterscheidet:

Kleine Maßstäbe	< 1 : 300.000	Großer Kartenausschnitt, kaum Details
Mittlere Maßstäbe	1 : 10.000 - 1 : 300.000	Mittlerer Kartenausschnitt, wenige Details

Große   > 1 : 10.000   Kleiner Kartenaus-
Maßstäbe   schnitt, viele Details

Zu den teilweise lückenhaft vorhandenen amtlichen Kartenwerken in Niedersachsen zählen die wegen ihres Detailreichtums für die Erkundung von Altablagerungen besonders wertvollen Kartenwerke mit großem und mittlerem Maßstab

- Deutsche Grundkarte   1 : 5.000   (DGK5),
- Topographische Karte   1 : 25.000   (TK25),
- Bodenkarte   1 : 5.000   (BK5),
- Bodenkarte   1 : 25.000   (BK25),
- Bodenkundlich-geologische   1 : 25.000
  Karte der Marschengebiete,
- Geologische Karte   1 : 25.000   (GK25),
- Hydrogeologische Karte   1 : 50.000   (HK50)
  ab 1980 als Beiblatt zur GK25.

Das Verfahren der *Photogrammetrie* ermöglicht es, die durch die Abbildungstechnik der Zentralprojektion bedingten Verzerrungen der Bildinhalte von Luftbildern zu korrigieren und diese in verzerrungsfreie *(orthoskopische)* Bilder (Orthophotos) zu überführen, die dann als Grundlage für topographische Karten (Abb. 1) verwendet werden können. Nach der graphischen Umsetzung ihrer Bildinhalte müssen sie lediglich auf den gewünschten Maßstab gebracht und mit Symbolen, Signaturen, dem Gitternetz und der Legende versehen werden.

Dem ständig steigenden Bedarf an topographischen Informationen in digitaler Form wurde durch die Entwicklung des „Amtlichen Topographisch-Kartographischen Informationssystems" *(ATKIS)*, einem Gemeinschaftsprojekt der Länder der Bundesrepublik Deutschland, Rechnung getragen. Als Erfassungsquelle für ATKIS dient die Deutsche Grundkarte 1 : 5.000 (DGK5). Inhaltlich orientiert sich ATKIS an der topographischen Karte 1 : 25.000 (TK25). Der Datenbestand umfaßt das Geländerelief, das Straßen- und Wegenetz, Bahnlinien, Gewässer, den Bewuchs, die landwirtschaftliche und industrielle Nutzung und die Bebauung. Die Datenabgabe an den Nutzer kann in beliebigem Maßstab in digitaler oder analoger Form als Karte erfolgen. Nähere Informationen über den Stand des Informationssystems und Gebühren für die Abgabe des Datenbestandes erteilt das Niedersächsische Landesverwaltungsamt, Landesvermessung, in Hannover.

Geologische Oberflächenerkundung

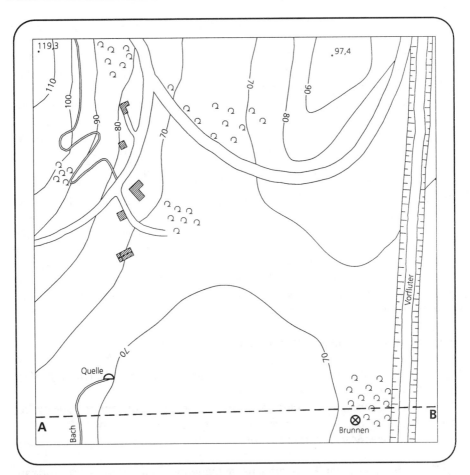

Abb. 1. Ausschnitt aus einer topographischen Karte (beispielhafte, vereinfachte Darstellung)

Im Jahre 1990 wurden die Rahmenbedingungen für die Umstellung der analogen Liegenschaftskarten Niedersachsens in die digitale Form des Umwelt-Informationssystems „Automatisierte Liegenschaftskarte" (ALK) geschaffen. Liegenschaftskarten sind die einzigen vollständigen, aktuellen und maßstäblichen Darstellungen sämtlicher Liegenschaften (Flurstücke und Gebäude) des Landesgebietes. Zusammen mit einem alphanumerischen Register, dem Liegenschaftsbuch, bilden sie das Liegenschaftskataster. Liegenschaftskarten geben Auskunft über die Grenzen und Grenzpunkte der Liegenschaften, die Lage der Gebäude und die Flurstücknummern. Das Liegenschaftsbuch beschreibt die Flurstücke nach Lagebezeichnung, Größe, Nutzung und Eigentümer. Es liegt für Niedersachsen flächendeckend als „Automatisiertes Liegenschaftsbuch" ALB vor. Die

ALK ist wie das ATKIS ein Gemeinschaftsprojekt der Bundesländer, die Aktualisierung von ALK und ALB liegt im Verantwortungbereich der Katasterämter.

Die *Deutsche Grundkarte* 1 : 5.000 *(DGK5)* ist durch unmittelbare graphische Umsetzung von Geländedaten als ungeneralisierte Basiskarte entstanden und erstmals nach dem 2. Weltkrieg erschienen. Vorläufer existierten bereits im 19. Jahrhundert. Die Deutsche Grundkarte gibt Höhenlagen, die Lage von Gewässern sowie die Form, den Bewuchs, die Erschließung und die Bebauung des Geländes zu bestimmten Zeitpunkten exakt wieder. Veränderungen (etwa der Geländeform und Bebauung) lassen sich anhand von Grundkarten verschiedener Erscheinungsjahre nachvollziehen. Sie liegt für Niedersachsen flächendeckend vor. Zu beachten ist, daß während der Zeit des 2. Weltkrieges Informationen zum Standort von Industrieanlagen teilweise unterschlagen oder bewußt falsch wiedergegeben sind.

Die *Topographische Karte* 1 : 25.000 *(TK25)* enthält die Informationen der Deutschen Grundkarte in generalisierter Form. Die TK25 (der Begriff „Meßtischblatt" sollte vermieden werden) gibt es für die meisten Regionen Deutschlands seit dem letzten Viertel des 19. Jahrhunderts, historische Karten vergleichbaren Inhalts (z. B. die Kurhannoversche Landesaufnahme von 1780) existierten schon früher. Für Niedersachsen liegt sie vollständig vor.

1.1.1.2 Geowissenschaftliche Karten

Zu Inhalt und Anwendung der *bodenkundlichen Karten* sei hier auf Kap. 1.5.1.1 des Altlastenhandbuchs verwiesen.

Für die küstennahen Gebiete Niedersachsens lagen im Januar 1996 insgesamt 39 Blätter der geologischen Karte GK25 (s. u.) als *Bodenkundlich-geologische Karte der Marschengebiete* vor. Sie zeigen

- an der Erdoberfläche anstehende Marsch- und Moorböden, flächenhaft farbig und durch Signaturen unterschieden, unter Angabe von Nässegraden, Grundwasserständen und Wasserdurchlässigkeiten,
- den unmittelbaren Untergrund der Böden,
- den historischen Verlauf von Prielen, Rinnen, Uferlinien, Deichen, Hügeln und Warften,
- die Lage von Bohrungen und Probenahmepunkten sowie
- die Lage von Profilschnitten.

Die Darstellung der Schichtenfolge und ihrer Altersstellung sowie Profilschnitte erleichtern das räumliche Verständnis der geologischen Situation. Den Erläuterungen zu den geologischen Karten entsprechende Beihefte fehlen durchweg.

Grundlage der *Geologischen Karten* 1 : 25.000 *(GK25)* sind die topographischen Karten gleichen Maßstabs. Von den insgesamt 435 Einzelblättern der Geologischen Karte von Niedersachsen (einschließlich der Bodenkundlich-geologischen Karten der Marschengebiete) lagen (Stand: Januar 1996) 233 Blätter in Druckform mit Erläuterungen vor. Von diesen 233 Blättern waren 168 lieferbar; der Rest ist vergriffen, kann jedoch in der Bibliothek des Niedersächsischen Landesamtes für Bodenforschung in Hannover eingesehen werden. Weitere 6 Blätter waren in Druckvorbereitung; alle übrigen liegen als Übersichtskartierungen in Manuskriptform vor und können ebenfalls eingesehen werden.

Auf den geologischen Karten ist die Lage im Gelände kartierter Elemente eingetragen (Abb. 2):

- An der Erdoberfläche anstehende Gesteine, flächenhaft farbig und durch Signaturen unterschieden,
- Schichtgrenzen von Gesteinen mit Angaben zum Schichtstreichen und -fallen,
- nachgewiesene und vermutete Störungen,
- Aufschlüsse (Steinbrüche, Kies- und Sandgruben, Dolinen, Pingen, Schächte und Bohrungen),
- Quellen, Brunnen und Fossilienfundpunkte sowie
- Lagen von Profilschnitten.

Zusammen mit der Darstellung der stratigraphischen (zeitlichen und räumlichen) Abfolge der Gesteine und ihrer Mächtigkeiten dienen die Profilschnitte (Abb. 3) dem Verständnis der flächenhaft dargestellten räumlichen morphologischen, geologischen und tektonischen Situation (Lagerungsverhältnisse, Gebirgsbau).

Beihefte in Gestalt der *Erläuterungen* zu den Kartenblättern beschreiben

- die geologische Entwicklung des Gebietes,
- die stratigraphische Abfolge der Schichten,
- die einzelnen Schichtglieder, ihre Entstehung, petrographische Ausbildung, ihren Fossilinhalt und ihr Alter,
- die tektonischen Verhältnisse,
- die hydrogeologischen Verhältnisse,
- die nutzbaren Rohstoffe,
- den Baugrund,
- geologische Aufschlüsse (Steinbrüche, Gruben, Bohrungen) und
- archäologische Fundpunkte.

8 Geologische Erkundungsmethoden

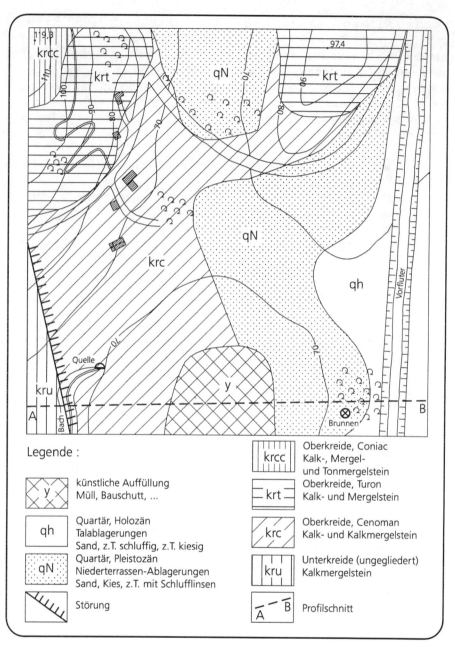

Abb. 2. Ausschnitt aus einer geologischen Karte (beispielhafte, vereinfachte Darstellung)

Geologische Oberflächenerkundung

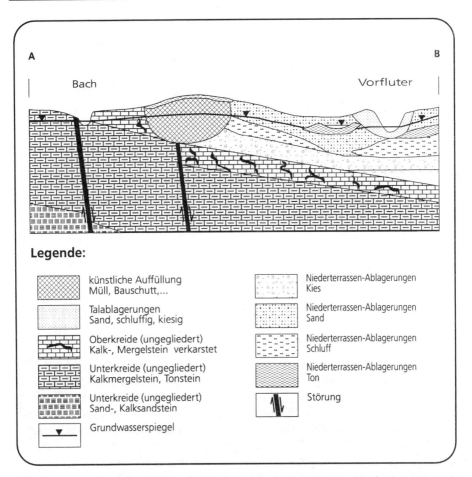

Abb. 3. Geologischer Profilschnitt (beispielhafte, vereinfachte Darstellung, aus der geologischen Karte konstruiert)

Sonderformen der geologischen Karten sind die *Profiltypenkarten* des Quartär und die Karten der unterlagernden (älteren) präquartären Schichten im selben Maßstab als Beiblätter der Geologischen Karten von Niedersachsen 1 : 25.000 ab 1980. Profiltypenkarten geben den Aufbau der unterschiedlichen Profiltypen (Tabelle 1 und Abb. 4) quartärer Lockergesteine, die Mächtigkeiten der einzelnen Schichten und deren laterale Verbreitung wieder (Abb. 5).

Den Erläuterungen lassen sich ingenieurgeologisch-bodenmechanische Charakterisierungen der einzelnen Profiltypen bezüglich Durchlässigkeit, Tragfähigkeit, Setzungs- und Frostgefährdung bei Bebauung entnehmen.

Tabelle 1. Erläuterung der in Abb. 4 dargestellten Profiltypen

Typ	Symbol	Stratigraphie	Petrographie	Durchschnittliche Mächtigkeit des Quartär (m)
0		Präquartär	Festgestein	
1	qw	Weichsel, Holozän	Schluff, Sand	1,5
2	qN qD qM	Weichsel Saale (Drenthe) Saale	Sand, Kies, z. T. schluffig, tonig über Kies, Sand	1,5 2,0 4,5
3	qh qD qM	Holozän Saale (Drenthe) Saale	Sand, z. T. schluffig, sandig tonig über Kies, Sand	2,5 3,5 3,0
4	qh qD/gl qD/Lg qM	Holozän Saale	Sand, z. T. schluffig über Schluff bis Ton, sandig über Schluff, tonig über Kies, Sand	2,5 2,0 3,0 1,0

Bei den *Karten der präquartären Schichten und der Lage der Quartärbasis* handelt es sich um sog. abgedeckte Karten. Die auflagernden quartären Lockergesteine wurden weggelassen; die Karten zeigen die Geländeform unterhalb dieser Gesteine in Form von Isolinien der Quartärbasis (Höhen- und Tiefenlinien bezogen auf NN). Die zugrundeliegende topographische Karte dient lediglich der Orientierung (Abb. 6). Die Karten geben neben dem Verlauf von Schichtgrenzen, Störungen und Profilschnitten auf der konstruierten Geländeoberfläche auch die Lage ausgewählter Bohrungen an, auf deren Profilen die Karten beruhen. (Die Profile dieser Bohrungen sind einem weiteren Beiblatt „Karte der Bohr- und Aufschlußprofile", 1 : 25.000 zu entnehmen.) Profilschnitte erläutern die tektonische Situation.

Auf der Grundlage der Topographischen Karten 1 : 50.000 geben *hydrogeologische Karten* (Abb. 7) Auskunft über

- Verbreitung, Beschaffenheit und Mächtigkeiten von Grundwasserleitern und Grundwassergeringleitern,
- Höhenlage des Grundwasserspiegels über NN; Flurabstand, Fließrichtung und Beschaffenheit des Grundwassers,
- Lage von Wasserwerken, Brunnen, Grundwassermeßstellen und Quellen sowie
- Lage von Vorflutern.

Geologische Oberflächenerkundung

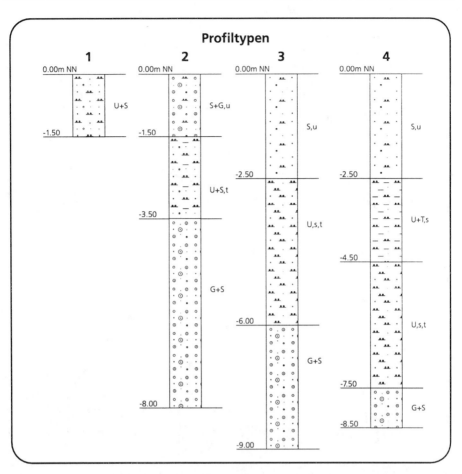

Abb. 4.   Profiltypen zur Profiltypenkarte in Abb. 5

Zusätzliche Informationen zum Entwässerungssystem des Gebietes, zu Beschaffenheit und Nutzung des Grundwassers sind den Erläuterungen zu entnehmen. Weitere Beiblätter zur Geologischen Karte von Niedersachsen 1 : 25.000 sind die

- *Übersichtskarten der Bodengesellschaften* und die
- *Übersichtskarten der oberflächennahen Rohstoffe* (Abb. 8).

Beide sind auf der Basis der Topographischen Karte 1 : 50.000 erstellt.

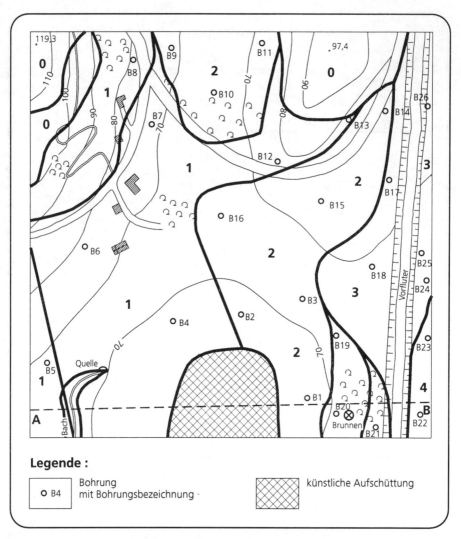

Abb. 5. Ausschnitt aus einer Profiltypenkarte (beispielhafte, vereinfachte Darstellung)

Geologische Oberflächenerkundung

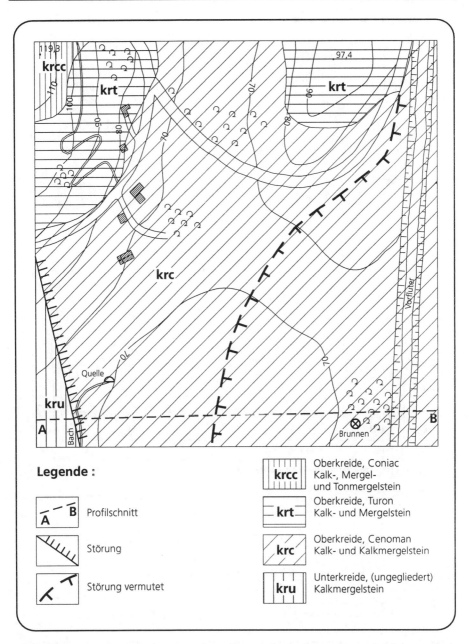

Abb. 6. Ausschnitt aus einer Karte der präquartären Schichten (beispielhafte, vereinfachte Darstellung)

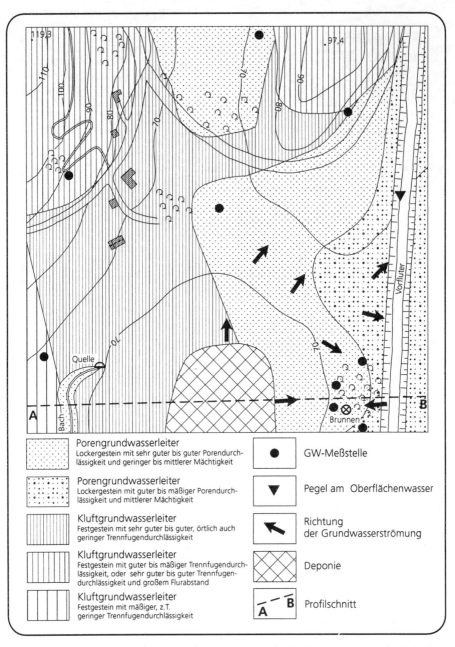

Abb. 7. Ausschnitt aus einer hydrogeologischen Karte (beispielhafte, vereinfachte Darstellung)

Geologische Oberflächenerkundung

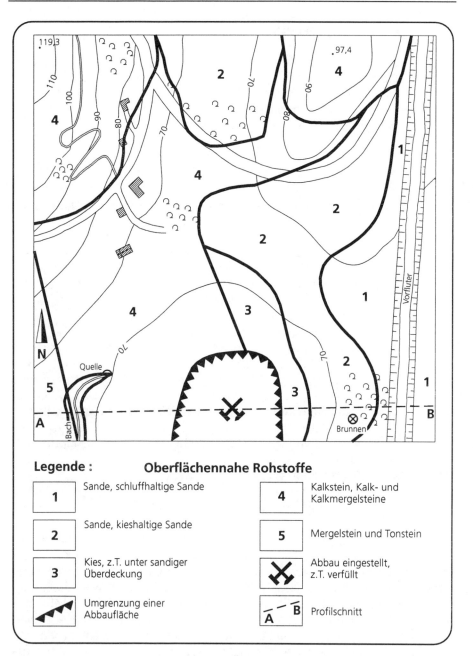

Abb. 8. Ausschnitt aus einer Übersichtskarte der oberflächennahen Rohstoffe (beispielhafte, vereinfachte Darstellung)

1.1.2 Anwendungsbereiche

Neben dem Studium von Akten und Vorgängen sowie der Befragung von Zeitzeugen sollte noch vor der zeit- und kostenintensiven Auswertung von Luftbildern die Auswertung von bereits vorhandenem Kartenmaterial erfolgen. Mit Hilfe verschiedener topographischer und thematischer Karten lassen sich wichtige morphologische, historische und geologisch-hydrogeologische Aufgaben lösen:

- Lokalisierung und Eingrenzung von Verdachtsflächen, Ermittlung ihrer geschichtlichen Entwicklung und Abschätzung ihrer Inhaltsstoffe mit Hilfe der multitemporalen Kartenauswertung (Lage von Gruben, Halden und Gebäuden, Art der Industrieanlagen zu verschiedenen Zeitpunkten),
- Erfassung der Oberflächenentwässerung im Bereich der Altablagerung (Entwässerungsnetz, Einzugsgebiet, Wasserscheiden)
- Erfassung von Quellaustritten oder Versickerungsstellen, besonders in Karstgebieten (Die Position von Quellhorizonten und Vernässungszonen erlaubt Rückschlüsse auf Schichtgrenzen, Störungen und die Lage des Grundwasserspiegels.),
- Position einer Altablagerung in Bezug auf den Grundwasserspiegel und die Grundwasserfließrichtung,
- Erfassung von Lagerungsverhältnissen, Schichtgrenzen und Störungen im anstehenden Gestein in der Umgebung der Altablagerung in Hinblick auf potentielle Wasserwegsamkeiten im Untergrund,
- Abschätzung der Gesteinseigenschaften (Durchlässigkeit, Klüftung) und
- Abgrenzung von Land und Wasser.

1.1.3 Planung/Durchführung

Zu Beginn eines Projektes ist zu klären, welches Kartenmaterial für das zu bearbeitende Gebiet existiert. Für die *multitemporale Auswertung* der Karten zur Erfassung der zeitlichen Entwicklung einer Altablagerung oder eines Altstandortes sollten möglichst sämtliche verfügbaren Karten beschafft werden. Es folgt die Sichtung des beschafften Kartenmaterials, um mit den Geländegegebenheiten des Untersuchungsgebietes vertraut zu werden. Identifizierbare Altlastverdachtsflächen werden im Gelände lokalisiert, Kriterien zur Abgrenzung und Klassifizierung interessierender Bildinhalte festgelegt. Detaillierte Hinweise geben Borries (1992) und Dodt (1987).

Geologische Oberflächenerkundung

Erscheinungsbild von Karten
Der Karteninhalt ist im Kartenfeld oder Kartenbild dargestellt. Dieser wird vom zumeist quadratischen, durch das Gitternetz (Gauß-Krüger-Netz) vorgegebenen Kartenrahmen mit den Angaben der Koordinaten begrenzt. Auf dem Kartenrand befinden sich

- der Kartentitel mit Angabe des Herausgebers, der wissenschaftlichen Bearbeiter, des Erscheinungsjahres, des Blattnamens, der Blattnummer und des Maßstabs,
- die Kartenlegende in graphischer und textlicher Form sowie
- Profilschnitte und Schichtmächtigkeitssäulen.

Auswahl der Karten
Der zu wählende *Kartenmaßstab* richtet sich naturgemäß nach der Aufgabenstellung. Für die Erkundung von Altablagerungen und Altstandorten bietet sich die Verwendung der großmaßstäblichen Karten DGK5, TK25 und GK25 an. Bei der DGK5 entspricht 1 cm auf der Karte 50 m, bei TK25 und GK25 250 m in der Natur.

Da thematische Karten auf der Basis topographischer Karten bestimmte Themen in den Vordergrund stellen und damit bereits abgeleitete Karten sind, ist es zweckmäßig, zur Erkundung von Altablagerungen und Altstandorten mit der Auswertung von *topographischen Grundkarten* zu beginnen.

1.1.4 Auswertung

Schematische Auswertung
Liegen keine konkreten Erkenntnisse über die Lage von Altablagerungen oder Altstandorten vor, müssen die topographischen Karten systematisch auf direkte und indirekte Hinweise für verdächtige Standorte durchgemustert werden (Dodt 1987). Solche Hinweise können sein:

- Schriftzüge/Abkürzungen wie Fabrik/Fbr., Luftschacht/Luftsch., Sandgrube/Sgr., Schachtanlage/Schacht., Schuttplatz/Schuttpl., Zeche, Ziegelei/Zgl.,
- Signaturen und Symbole für Bahnlinie mit Ladegleisen, Feldbahn/Industriebahn, Fluß oder Kanal mit Anleger, Ladestraße/Laderampe, Schornstein, topographische Hohlform, Zeche sowie
- auffällig große und typische Umrisse von Dämmen, Fabrikgebäuden, Förderanlagen, Gasometern, Gruben und Halden, Hafenbecken, Klärbecken, Kohlebunkern, Kränen, Kühltürmen, Laderampen, Lagerflächen, Leitungssystemen, Silos, Tankanlagen.

Multitemporale Auswertung

Ist die Lage einer Altablagerung oder des Altstandortes im Vorfeld durch Aktenstudien, Archivrecherchen und Befragung von Zeitzeugen eingegrenzt, kann gezielt mit der Auswertung topographischer Karten unterschiedlichen Alters begonnen werden.

Zur Schonung des Kartenmaterials wird bei Benutzung von Originalen auf Deckfolie gezeichnet. So lassen sich auch verschiedene Bildinhalte auf verschiedenen Folien getrennt darstellen. Die Deckfolien müssen auf den Karten fixiert werden. Zur Reproduzierbarkeit ihrer Lage werden Fixpunkte aus den Karten auf die Folien übertragen. Gezeichnet wird mit feinen farbigen Filzstiften.

Beispiel: Die Abbildungen 9 - 12 zeigen einen Geländeausschnitt, auf dem eine Altablagerung vermutet wird. Die Abbildungen geben identische Kartenausschnitte aus der DGK5 der Ausgabejahre 1964, 1969, 1977 und 1982 wieder (Dodt 1987).

Abb. 9. Ausschnittsverkleinerung aus der DGK5 aus dem Jahre 1964, Maßstab ca. 1 : 7.000. (Aus Dodt 1987)

Geologische Oberflächenerkundung

Zu Abb. 9: In der Bildmitte, nördlich der Abdeckerei, im Süden und im Südwesten befinden sich 1964 sechs größere und mehrere kleine, durch Linearschraffen gekennzeichnete Hohlformen, von denen drei durch Beschriftung als Sandgruben, zwei als Schuttplätze gekennzeichnet sind. Im oberen rechten Bildbereich erkennt man eine rechtwinklige Geländekante offenbar anthropogenen Ursprungs, östlich der südlichsten Sandgrube einen Damm.

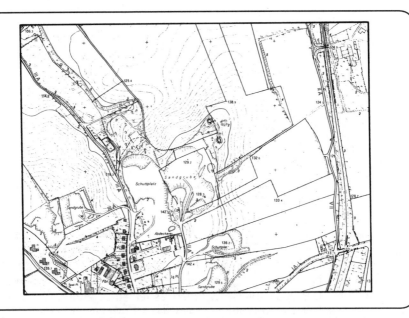

Abb. 10. Ausschnittsverkleinerung aus der DGK5 aus dem Jahre 1969, Maßstab ca. 1 : 7.000. (Aus Dodt 1987)

Zu Abb. 10: Das Erscheinungsbild der Karte hat sich 1969 geändert. So sind z. B. die Böschungen und Abbaukanten der Sandgruben anders dargestellt. Der Abbau der Sandgrube in der Bildmitte ist nach Norden vorangetrieben worden. Der nördliche Schuttplatz und die westlich gelegene Sandgrube sind erweitert worden. Der Schuttplatz im Süden und die Hohlform im äußersten Südwesten scheinen teilweise verfüllt: Es fehlen die Höhenlinien. Die Abdeckerei besteht weiterhin.

Abb. 11. Ausschnittsverkleinerung aus der DGK5 aus dem Jahre 1977, Maßstab ca. 1 : 7.000. (Aus Dodt 1987)

Zu Abb. 11: Die Beschriftung deutet darauf hin, daß die Sandgrube in der Bildmitte 1977 weiterhin in Betrieb ist. Ihre veränderte Form läßt vermuten, daß eine teilweise Verfüllung stattgefunden hat. Die Sandgruben im Süden und Südwesten sowie der Damm sind verschwunden. Es fehlen Beschriftung und Höhenlinien. Desgleichen scheint der Schuttplatz in der Bildmitte verfüllt zu sein: Es fehlen Beschriftung und Höhenlinien. Die Abdeckerei besteht nach wie vor.

Geologische Oberflächenerkundung

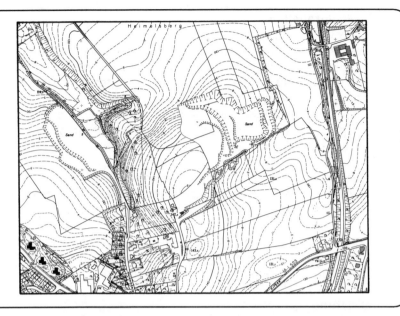

Abb. 12. Ausschnittsverkleinerung aus der DGK5 aus dem Jahre 1982, Maßstab ca. 1 : 7.000. (Aus Dodt 1987)

Abb. 12: Das Erscheinungsbild der Karte hat sich erneut geändert: Böschungen, Gebäude und Höhenlinien haben eine neue Signatur erhalten. Der Abbau in der Sandgrube in der Bildmitte hat sich 1982 weit nach Nordosten in Richtung der rechtwinkligen Geländekante verlagert. In der Bildmitte fehlende Höhenlinien könnten für eine beginnende Verfüllung sprechen. Im Westen ist eine neue Sandgrube entstanden. Im Bereich der ehemaligen Sandgruben und Schuttplätze weisen die vollständig vorhandenen Höhenlinien auf eine abgeschlossene Verfüllung hin. Der Bereich des ehemaligen zentralen Schuttplatzes weist bereits Baumbestand auf. Der Schriftzug „Abdeckerei" ist verschwunden, die Gebäude sind unverändert vorhanden. Ob diese Veränderung auf eine Betriebsschließung hindeutet oder Folge der kartographischen Umgestaltung ist, bleibt unklar.

Das Beispiel zeigt, daß die multitemporale Auswertung von Karten allein häufig nicht zu eindeutigen Antworten auf bestimmte Fragen führt. Angaben zum Verfüllungsgrad und dem Ablagerungsvolumen der auf dem Geländeausschnitt zwischen 1964 und 1982 nachgewiesenen Altablagerungen zu bestimmten Zeitpunkten lassen sich vermutlich erst nach der Auswertung entsprechender Luftbilder machen (Dodt 1987).

1.1.5 Fehlerquellen

Die Auswertung von Karten kann durch eine Vielzahl möglicher Ungenauigkeiten und Fehler beeinträchtigt werden. Diese Fehler können ihre Ursachen sowohl in der Entstehung von Karten, in systembedingten Eigenarten der Karten selbst, als auch in der Person des Auswertenden haben.

Zunächst kann keine topograpische Karte besser sein als die Geländedaten und die *kartographische Aufnahmegenauigkeit*, auf denen sie beruhen. Sind Geländedaten oder deren graphische Umsetzung schlecht, ist auch die Karte schlecht.

Da thematische Karten analytische Karten sind, gehen in sie zusätzlich *analytische Fehler* ein. Macht sich der kartierende Geologe ein fehlerhaftes Bild vom Gebirgsbau, ist zumeist auch die entstehende geologische Karte fehlerhaft.

Topographische Karten als ebene Modelle der räumlichen Erdoberfläche beinhalten *geometrische Lagefehler* von Kartenpunkten, die jedoch, besonders bei großmaßstäblichen Karten, zu vernachlässigen sind.

Generalisierung

Mit abnehmendem Kartenmaßstab nimmt die Größe maßstäblich dargestellter Objekte bis zur Unkenntlichkeit ab. Dieses Problem wird durch 2 Möglichkeiten der sog. *Objektgeneralisierung* gelöst:

- Verzicht auf maßstäbliche Abbildung von Objekten zugunsten der Lesbarkeit oder
- Verzicht auf Detailreichtum (Vollständigkeit).

Bei der Ableitung von Karten kleineren Maßstabs aus Grundkarten wird es erforderlich, einzelne Objekte aus Platzmangel im Zuge der *kartographischen Generalisierung* zu Gruppen zusammenzufassen. So werden auf topographischen Karten nicht mehr einzelne Wohnhäuser, sondern nur noch Wohngebiete dargestellt; statt Buntsandstein, Muschelkalk und Keuper findet sich auf geologischen Übersichtskarten die ungegliederte Trias.

Beispiel: Die Abbildungen 13 - 15 zeigen auf zeitgleichen Ausschnitten eines Luftbildes im Maßstab 1 : 5.000, der DGK5 und der TK25 eine Zechenanlage (Dodt 1987). Anhand der Abbildungen sollen die Konsequenzen der Generalisierung verdeutlicht werden:

Geologische Oberflächenerkundung

Abb. 13. Luftbild einer Zechenanlage, Maßstab 1 : 5.000. (Aus Dodt 1987)

Zu Abb. 13: Das Luftbild gibt einen detaillierten Überblick über Nutzung und Zustand der Zeche. Zu erkennen sind rechts die Förderanlagen, links daneben das Kraftwerk mit 2 Schornsteinen, am oberen Bildrand 3 Kühltürme, unterhalb der Siedlung 2 weitere Kühltürme und ein Rohrleitungssystem, in der Bildmitte die lange Koksofenbatterie mit dem Kokskohleturm und 4 Schornsteinen, darunter die Gleisanlagen, am unteren Bildrand 2 Kokshalden, am linken Bildrand der Gasometer.

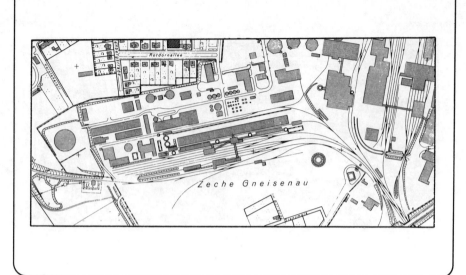

Abb. 14. Auschnitt aus der DGK5. (Aus Dodt 1987)

Zu Abb. 14: Die DGK5 zeigt im selben Maßstab alle Gebäude der Siedlung und der Zeche, unterschieden durch ihre Schraffur, sowie die Gleisanlagen. Weggelassen wurde allerdings das Rohrleitungssystem. Außerdem fehlen die Kokshalden. Über die Funktion der Gebäude (Ausnahme: Schornsteinsymbole) und den Zustand der Zeche sagt die Karte nichts aus. Lediglich die Gebäudeform läßt gewisse Schlüsse zu.

Geologische Oberflächenerkundung

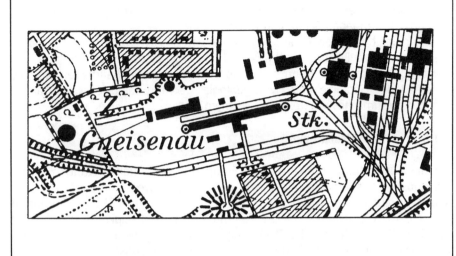

Abb. 15. Ausschnittsvergrößerung aus der TK25, Maßstab 1 : 5.000. (Aus Dodt 1987)

Zu Abb. 15: Die TK25 weist den Standort durch Beschriftung und Signatur zwar eindeutig als Zechenanlage aus, Einzelgebäude sind jedoch nicht mehr zu identifizieren. Die Mehrzahl der Gebäude und der Gleise ist der Generalisierung zum Opfer gefallen, stattdessen sind die verbliebenen Gebäude und Gleise unmaßstäblich hervorgehoben dargestellt. Wohn- und Industriegebäude werden nicht mehr unterschieden. Die Kokshalden sind immerhin schematisch angedeutet.

Der Vorteil amtlicher Karten liegt darin, daß die Regeln für die Generalisierung von Beginn der kartographischen Landesaufnahme an festgelegt waren und den Bearbeitern so nur wenig gestalterischer Spielraum blieb. Allerdings wurden diese Vorschriften im Laufe der Zeit überarbeitet, was das optische Erscheinungsbild auch von Karten eines Maßstabs im Zuge der zeitlichen Fortführung und Überarbeitung verändert hat (s. Abb. 9 - 12). Werden diese Änderungen der Vorschriften bei der multitemporalen Auswertung von Karten aus unterschiedlichen Epochen nicht berücksichtigt, kommt es zwangsläufig zu Mißdeutungen.

Da Karten modellhafte, maßstäbliche Darstellungen der Realität zu einem bestimmten Zeitpunkt sind, erfordern sie zu ihrem Verständnis Erläuterungen in Form von Legenden. Die Notwendigkeit der Generalisierung führt jedoch zur Reduzierung des Detailreichtums und damit zur Reduzierung des Informationsgehalts von Karten. Das heißt, daß Karten mit zunehmender Generalisierung weniger lesbar und stärker interpretierbar werden. Unterbleibt die Überprüfung der Karteninterpretation (beispielsweise durch die Auswertung von Luftbildern), bleiben die gezogenen Schlüsse unsicher.

Einer der häufigsten Gründe für *fehlerhafte Auswertungen* von Karten ist die mangelhafte Erfahrung des Betrachters. Voraussetzungen für eine gute Kartenauswertung sind Kenntnisse und Erfahrungen des Bearbeiters auf den Gebieten der Geologie und Hydrogeologie, geomorphologisches Verständnis und gutes räumliches Vorstellungsvermögen.

1.1.6 Qualitätssicherung

Für die Auswertung von Karten zur Erkundung von Altablagerungen als kostengünstige Informationsquelle vor dem Einsatz weiterführender Untersuchungen wird üblicherweise auf vorhandenes Kartenmaterial zurückgegriffen. Fehler bei der Entstehung dieses Kartenmaterials sind folglich nicht mehr zu beheben. Die durch optische Effekte bedingten Fehler bei der Abbildung eines Geländeausschnitts sind für den gegebenen Anwendungsfall zu vernachlässigen. Vermeidbar sind dagegen die bei der Auswahl und Auswertung von Karten möglichen Fehler:

- Maßstab, Typ und Qualität der verwendeten Karten müssen der Aufgabenstellung angemessen sein.
- Bei der Auswertung thematischer Karten ist zu bedenken, daß diese Karten analytische Karten sind und fehlerhafte Vorstellungen des Kartographen ihren Niederschlag in den Karten finden. Die Genauigkeit geologischer Karten wird stark beeinflußt von der Erfahrung des kartierenden Geologen, aber auch von den Lagerungsverhältnissen, der Aufschlußdichte, der Vegetation und dem Vorhandensein von Sondierungen und Bohrungen. Die Genauigkeit hydrogeologischer Karten hängt entscheidend von der Dichte des Netzes der Grundwassermeßstellen ab.
- Bei der multitemporalen Auswertung von Karten unterschiedlichen Alters müssen die im Laufe der Zeit geänderten Vorschriften zur Generalisierung berücksichtigt werden, um Fehlschlüssen vorzubeugen.

Geologische Oberflächenerkundung

- Am Schluß sei nochmals auf die hohen Anforderungen an den Kartenauswerter hingewiesen: Voraussetzungen für eine gute Kartenauswertung sind neben Erfahrungen im Kartenlesen Kenntnisse und Erfahrungen des Bearbeiters auf den Gebieten der Geologie und Hydrogeologie, geomorphologisches Verständnis und gutes räumliches Vorstellungsvermögen. *Zur Überprüfung und Eichung der den Karten entnommenen Informationen sind Geländebegehungen unbedingt erforderlich.*

1.1.7 Zeitaufwand

Der Zeitaufwand für die Auswertung von Karten kann nicht pauschal quantifiziert werden. Er ist von einer Reihe von Faktoren abhängig:

- Durch Studium von Literatur sowie Befragung von Zeitzeugen ist herauszufinden, in welchem Zeitraum die Altablagerung entstanden ist.
- Für die multitemporale Auswertung sind für diesen Zeitraum alle verfügbaren Karten zu beschaffen. Es ist zu bedenken, daß dazu aufwendige Recherchen in Archiven notwendig sein können. Es kann bei spezieller Aufgabenstellung erforderlich werden, eine geologische Detailkartierung durchzuführen.

Der Zeitaufwand für die eigentliche Auswertung der Karten, die Übertragung der Karteninhalte, die Eichung der Karteninhalte durch Geländebegehungen und die Erstellung eines Berichts sind abhängig von der Problemstellung, der Gesamtfläche der zu bearbeitenden Karten, deren Informationsgehalt und Qualität sowie der Größe und Zugänglichkeit des Geländes. Er kann somit wenige Stunden bis mehrere Wochen betragen.

1.1.8 Kosten

Wichtigster Kostenfaktor sind die Personalkosten einschließlich eventuell notwendiger Dienstreisen für Archivrecherchen. Die Kosten für Kartenmaterial schlagen dagegen nur untergeordnet zu Buche:

DGK5	ca. 10 DM
Luftbildkarte	ca. 10 DM
TK25	ca. 10 DM
GK25	bis 60 DM

Die Kosten für *Auswertung und Dokumentation* werden auf 1.000 DM/Tag und Bearbeiter geschätzt.

2.1.9 Bezugsquellen

Herausgeber amtlicher Karten in Deutschland sind für

topographische Karten	das Institut für Angewandte Geodäsie, die Landesvermessungsämter, die Stadtvermessungsämter, die Katasterämter,
für	
geologische, hydrogeologische und ingenieurgeologische Karten	die Bundesanstalt für Geowissenschaften und Rohstoffe, die Geologischen Landesämter.

Adressen

Bundesanstalt für
Geowissenschaften und Rohstoffe
Stilleweg 2
30655 Hannover   Tel.: 0511/6432260

Institut für
Angewandte Geodäsie
IfAG
Richard-Strauß-Allee 11
60598 Frankfurt/Main   Tel.: 069/6333-1

Internationales Landkartenhaus
Geo Center
Schockenriedstr. 40 a
70565 Stuttgart   Tel.: 0711/788934

Niedersächsisches Landesverwaltungsamt
-Landesvermessung-
Warmbüchenkamp 2
30159 Hannover   Tel.: 0511/3673-0

Niedersächsisches Landesamt
für Bodenforschung
Stilleweg 2
30655 Hannover   Tel.: 0511/6432260

Geologische Oberflächenerkundung 29

1.2 Luftbilder

Die Erkundung von Altablagerungen und Altstandorten mit Hilfe von Luftbildern als beprobungsloses Verfahren der geologischen Oberflächenerkundung hat seit der Mitte der 80er Jahre einen starken Aufschwung erlebt (Dodt 1987, Zirm et al. 1987). Bei den Aufnahmen unterscheidet man photographische und nichtphotographische Verfahren. Im folgenden wird ausschließlich auf die photographischen Aufnahmeverfahren eingegangen. Von den nichtphotographischen Verfahren wie

- Multispektralanalyse,
- Thermalscanneraufnahmen und
- Radaraufnahmen

werden bisher im Bereich der Altablagerungen praktisch nur Thermalscanneraufnahmen gelegentlich eingesetzt. Die Einsatzmöglichkeiten von weiteren Verfahren der Geofernerkundung werden im "Handbuch zur Erkundung des Untergrundes von Deponien und Altlasten" dargestellt (Bundesanstalt für Geowissenschaften und Rohstoffe 1995).

In diesem Kapitel sollen die Möglichkeiten der Luftbildauswertung zur Gewinnung von historischen, geologischen und hydrogeologischen Informationen bei der Erkundung von Altlastverdachtsflächen erläutert werden. Luftbilder können wertvolle Informationen für den gezielten Einsatz weiterführender Untersuchungsmethoden liefern.

Wie in der Vergangenheit werden auch in Zukunft panchromatische Reihenmeßbilder zur Erfassung von Altablagerungen und Altstandorten einen hohen Stellenwert haben. In letzter Zeit sind auch vermehrt Farb-Infrarot-Luftbilder erfolgreich zur Detektion von durch Kontaminationen (z. B. kontaminierte Grund- und Oberflächenwässer, Gasaustritte) verursachte Vegetationsschäden verwendet worden.

Thermalscanneraufnahmen können nur dann Hinweise auf Altablagerungen geben, wenn zum Zeitpunkt der Aufnahme durch mikrobiellen Abbau oder Schwelbrände verursachte Temperaturunterschiede bestehen. Die Benutzung von *Radaraufnahmen* verspricht wegen der geringen Eindringtiefe der Radarstrahlen ebenfalls kaum Erfolg bei der Erkundung von Altablagerungen.

Die genannten Verfahren sind sicherlich geeignet, für bereits bekannte Standorte punktuelle Zusatzinformationen zu liefern. Derzeit ist jedoch nicht erkennbar, daß sie die klassische multitemporale Luftbildauswertung zur Erkundung von Altablagerungen und Altstandorten in Zukunft ersetzen könnten.

Grundlagen der Luftbildauswertung liefern Kronberg (1984) und Schneider (1974). Besondere Hinweise für die Altlastenerfassung und -erkundung geben Dodt (1987), Zirm et al. (1987) und Borries (1992).

1.2.1 Aufnahmetechnik

1.2.1.1 Luftbildtypen

Je nach Orientierung der optischen Achse der Aufnahmekamera lassen sich 3 Luftbildtypen unterscheiden:
   Bei *Schrägbildern* weicht die optische Achse der Kamera mindestens 60° von der Vertikalen ab. Auf der oberen Bildhälfte ist der Horizont erkennbar. Schrägbilder zeigen große Gebietsausschnitte und werden wegen ihrer hervorragenden Anschaulichkeit in Atlanten und als Postkarten verwendet. Für exakte Luftbildauswertungen sind Schrägbilder jedoch ungeeignet.
   Bei *Steilbildern* weicht die optische Achse der Kamera 15 - 30° von der Vertikalen ab. Der Horizont ist gerade noch erkennbar. Steilbilder zeigen im Vergleich zu Vertikalbildern größere Gebietsausschnitte. Für exakte Luftbildauswertungen sind Steilbilder kaum geeignet.
   Bei *Vertikalbildern* weicht die optische Achse der Kamera theoretisch nicht von der Vertikalen ab. In der Praxis läßt sich jedoch nur selten vermeiden, daß es durch Windeinfluß auf das aufnehmende Flugzeug zum sog. Tilt kommt. Bleibt dieser Tilt unterhalb 3°, lassen sich Vertikalbilder optimal auswerten. Im folgenden wird deshalb generell von der Verwendung solcher Vertikalbilder ausgegangen.

1.2.1.2 Bildflug

Luftbildaufnahmen werden von Flugzeugen aus Höhen zwischen 1 und 10 km, von Satelliten aus Höhen bis ca. 500 km gemacht. Sind Flugzeuge Kameraträger, orientiert sich das Muster der Geländebefliegung am Koordinatennetz (W - E, N - S). Aus Gründen der Wirtschaftlichkeit kann aber auch die Geländeform das Befliegungsmuster bestimmen. Das grundsätzliche Befliegungsmuster zeigt Abb. 16.
   Luftbildreihen eines Geländes werden mit *Reihenmeßkammern (RMK)* aufgenommen. Eine Reihenmeßkammer besteht aus Objektiv und Filmkammer. Neben der Brennweite des Objektivs bestimmt die Flughöhe den *Bildmaßstab* entscheidend:

- Kleiner Maßstab = Großer Bildausschnitt, geringe Auflösung,
- Großer Maßstab = Hohe Auflösung, kleiner Bildausschnitt.

Da der Maßstab von Luftbildern von der Brennweite f des verwendeten Objektivs und der Flughöhe H - h abhängt (Abb. 17), können unterschiedliche Kombinationen beider Größen im Ergebnis zum gleichen Maßstab führen (Abb. 18). Die Wahl der Kombination richtet sich nach der Morphologie des Geländes und den Sichtverhältnissen.

Geologische Oberflächenerkundung

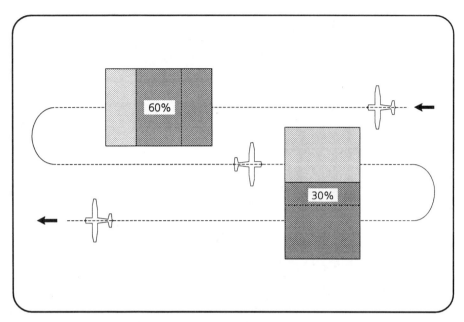

Abb. 16. Befliegungsmuster von Bildflügen. (Nach Kronberg 1984)

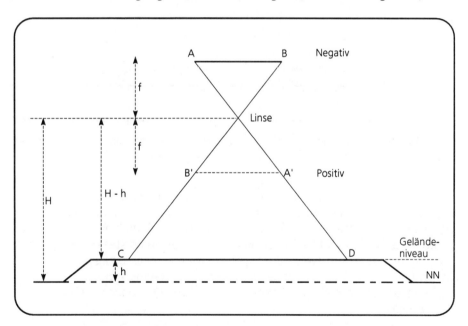

Abb. 17. Abhängigkeit des Luftbildmaßstabs von Brennweite und Flughöhe

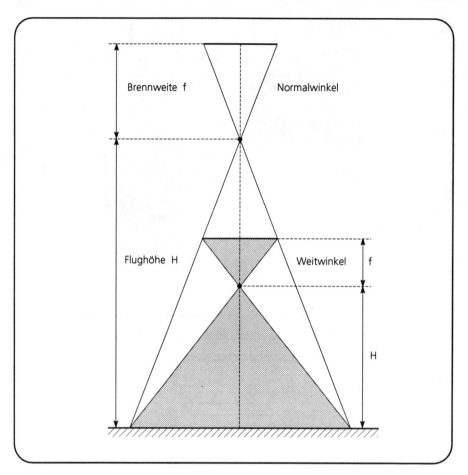

Abb. 18. Gleicher Luftbildmaßstab bei unterschiedlichen Brennweiten und Flughöhen. (Nach Kronberg 1984)

Für die stereoskopische Auswertbarkeit wird die Bildfolge so gesteuert, daß die Einzelbilder sich in Flugrichtung (Längsrichtung) um 60 % überdecken. Der Abstand der Flugprofile wird so gewählt, daß sich die Bildreihen quer zur Flugrichtung (seitlich) um 30 % überdecken (s. Abb 16). So entstehen *Luftbildpaare* oder *Stereopaare* aus zwei benachbarten Bildern einer Bildreihe mit 60 % *Längsüberdeckung*, die sich unter dem Stereoskop räumlich betrachten lassen. Mehrere Bildreihen mehrerer Flugprofile mit 30% *Querüberdeckung* ergeben ein *Luftbildmosaik*.

1.2.1.3 Luftbildphotographie

Bei der Luftbildphotographie wird auf dem Film ein negatives Bild des photographierten Geländeausschnittes erzeugt, das bei der Entwicklung wieder in ein positives Bild überführt wird. Im Unterschied zur topographischen Karte wird der Geländeausschnitt durch das optische System in *Zentralprojektion* abgebildet. Für sie ist charakteristisch, daß jeder Geländepunkt über geradlinig verlaufende Strahlen einem Bildpunkt zugeordnet wird, wobei alle diese Strahlen durch einen zentralen Schnittpunkt, das Zentrum der Kameralinse, verlaufen. Diese Abbildungstechnik bedingt Verzerrungen durch Abbildung von Punkten ungleicher Höhen im Gelände (Abb. 19).

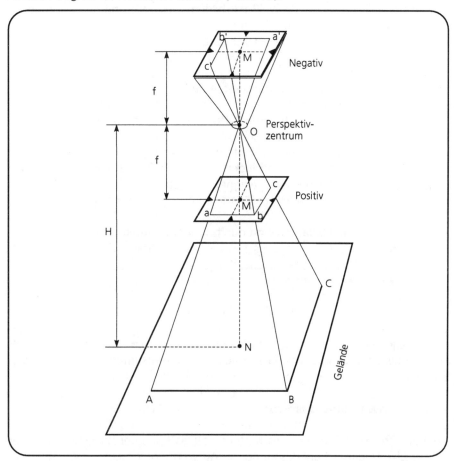

Abb. 19. Abbildung durch Zentralprojektion. (Nach Kronberg 1984)

1.2.1.4 Filmmaterial

Die Wahl des Filmmaterials für Luftbildaufnahmen richtet sich nach der jeweiligen Aufgabenstellung.

Normalerweise wird *panchromatischer* (farbempfindlicher) *Schwarz-Weiß-Film* mit einem Empfindlichkeitsbereich von 360 - 720 nm verwendet. Der Anteil des reflektierten Lichtes wird auf solchen Luftbildern in Grautönen wiedergegeben.

Farbige Luftbilder gibt es in Form von Farb-Diapositiven und Kontaktabzügen von *Farb-Film*. Auf Diapositive wird hier wegen des speziellen Auswerteverfahrens nicht eingegangen. Die Herstellungskosten für farbige Luftbilder sind im Vergleich zu Schwarz-Weiß-Luftbildern wesentlich höher, während sie bei der Luftbildkartierung kaum Vorteile bieten. Bei speziellen Fragestellungen wie etwa der Erzprospektion haben sich Farb-Luftbilder hingegen bewährt.

Durch Verwendung von *Schwarz-Weiß-Infrarot-Film* mit einem Empfindlichkeitsbereich von 900 - 1100 nm läßt sich der Informationsgehalt der Luftbilder beträchtlich erhöhen, da der Infrarotanteil des Lichtes in der Atmosphäre nur geringer Streuung unterliegt. Solchen Luftbildern lassen sich besonders gut Feuchtigkeitsunterschiede entnehmen. Durch die Absorption infraroter Strahlung erscheinen Gewässer nahezu schwarz.

Farb-Infrarot-Film mit einem Empfindlichkeitsbereich von 400 - 900 nm vermag Dunst optimal zu durchdringen und ist so für Luftbilder aus großen Höhen (Satellitenbilder) bestens geeignet. Wegen seiner unnatürlichen Farbwiedergabe wird dieser Film auch als *Falschfarben-Film* bezeichnet:

- Sein Blauanteil wird durch Gelbfilter unterdrückt.
- Sein Grünanteil erscheint in blauer Farbe.
- Sein Rotanteil erscheint in grüner Farbe.
- Sein Infrarotanteil erscheint in roter Farbe.

Für umweltbezogene Fragestellungen sind Farb-Infrarot-Luftbilder das optimale Material, da sich auf ihnen der Zustand der Vegetation direkt ersehen läßt: Gesunde Vegetation wird hellrot, kranke und tote in rötlich bis grüngrauen Farbtönen abgebildet. Desgleichen lassen sich Feuchtigkeitsunterschiede der Böden ablesen.

1.2.2 Anwendungsbereiche

Nach eingehendem Studium des Kartenmaterials sollte der nächste Schritt der geologischen Oberflächenerkundung die Auswertung von Luftbildern sein, um eventuell notwendige weiterführende Maßnahmen gezielt planen zu können. Mit Hilfe der Luftbildauswertung lassen sich wichtige morphologische, historische und geologisch-hydrogeologische Aufgaben lösen:

- Lokalisierung und Eingrenzung von Verdachtsflächen, Ermittlung ihrer geschichtlichen Entwicklung und Abschätzung ihrer Inhaltsstoffe mit Hilfe der multitemporalen Luftbildauswertung (Lage von Gruben, Halden und Gebäuden, Art von Industrieanlagen, Höhendifferenzen, Abbautiefen, Schüttungshöhen, Böschungswinkel, Verfüllungsgrad, Ablagerungvolumen zu verschiedenen Zeitpunkten), ergänzt durch die Auswertung von Kartenmaterial und bei Altstandorten von Betriebsplänen und anderen Aufzeichnungen sowie die Befragung von Zeitzeugen,
- Erfassung der Oberflächenentwässerung im Bereich der Altablagerung (Entwässerungsnetz, Einzugsgebiet, Wasserscheiden). Die Kartierung des Entwässerungsnetzes erlaubt die Unterscheidung von Gebieten mit unterschiedlicher Gewässernetzdichte. Diese wiederum läßt Rückschlüsse auf unterschiedliche Permeabilitäten des Untergrundes zu.
- Erfassung von Quellaustritten oder Versickerungsstellen, besonders in Karstgebieten. Die Kartierung von Quellhorizonten und Vernässungszonen erlaubt Rückschlüsse auf Schichtgrenzen, Störungen und die Lage des Grundwasserspiegels. Im Bereich von Altablagerungen lassen sich Luftbilder auf Sickerwasseraustritte aus Böschungen und in Oberflächengewässer prüfen.
- Feststellung der Position einer Altablagerung in bezug auf den Grundwasserspiegel. Zeigen vor einer Grubenverfüllung entstandene Luftbilder Wasser, läßt sich anhand der Gesteinsausbildung entscheiden, ob es sich dabei um Grundwasser oder Niederschlagswasser handelt. Befinden sich Baggerseen auf den Luftbildern, ist der Grundwasserspiegel direkt erkennbar.
- Erfassung von Lagerungsverhältnissen, Schichtgrenzen und Störungen im anstehenden Gestein in der Umgebung der Altablagerung in Hinblick auf potentielle Wasserwegsamkeiten im Untergrund. Zur Eichung dieser indirekten Erkundungmethode ist die Auswertung allen verfügbaren Kartenmaterials und anderer Planunterlagen unbedingt erforderlich. Bei nicht ausreichender Genauigkeit des vorhandenen Kartenmaterials sind Spezialkartierungen unumgänglich.
- Differenzierung nach Vegetationstyp und Vegetationsalter, Erfassung von Vegetationsschäden, Erfassung von Feuchtigkeitsunterschieden der Böden, Abgrenzung von Land und Wasser.

1.2.3 Planung/Durchführung

Zu Beginn eines Projektes ist zu klären, welches Bildmaterial für den zu bearbeitenden Bereich existiert. Liegen nur Luftbilder einer Befliegung vor, werden diese Bilder für die *monotemporale* Analyse beschafft. Liegen Luftbilder mehrerer Bildflüge vor, sollten für die *multitemporale* Erfassung der zeitlichen Entwicklung einer Altlastverdachtsfläche möglichst sämtliche verfügbaren Bilder beschafft und ausgewertet werden. Für die photogeologische *Auswertung* genügt hingegen eine geringe Anzahl von Luftbildern, beispielsweise Bilder der ersten, mittleren und letzten Befliegung.

Es folgt die Sichtung des beschafften Bildmaterials, um mit den Geländegegebenheiten des Untersuchungsgebietes vertraut zu werden. Identifizierbare Altablagerungen und Altstandorte werden lokalisiert, Kriterien zur Abgrenzung und Klassifizierung interessierender Bildinhalte festgelegt.

Anschließend erfolgt die photogeologische Kartierung. Für die stereoskopische Bearbeitung hat sich das *Spiegelstereoskop* bewährt. Es handelt sich um ein Gerät mit 2 Okularen, 2 plankonvexen Spiegelprismen und 2 Spiegeln (Abb. 20), das die stereoskopische Betrachtung zweier im Abstand s liegender Luftbilder (eines Luftbildpaares) durch das menschliche Augenpaar ermöglicht. Okularaufsätze erlauben die Betrachtung von Details in 3 bis 8facher Vergrößerung, schränken das Blickfeld allerdings wesentlich ein.

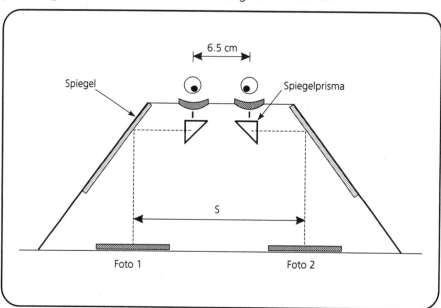

Abb. 20. Strahlengang unter dem Spiegelstereoskop. (Nach Kronberg 1984)

Geologische Oberflächenerkundung

Räumliches Sehen

Der Mensch ist dank seines Augenpaares in der Lage, räumlich (stereoskopisch) zu sehen. Dabei werden von beiden Augen unterschiedliche Bilder desselben Objektes aufgenommen und vom Gehirn zu einem räumlichen Bild verarbeitet. Mit wachsender Entfernung s zwischen Objekt und Betrachter wird der Konvergenzwinkel ß, unter dem sich die Sehachsen der Augen (normaler Augenabstand 6,5 cm) beim Fokussieren schneiden, kleiner (Abb. 21).

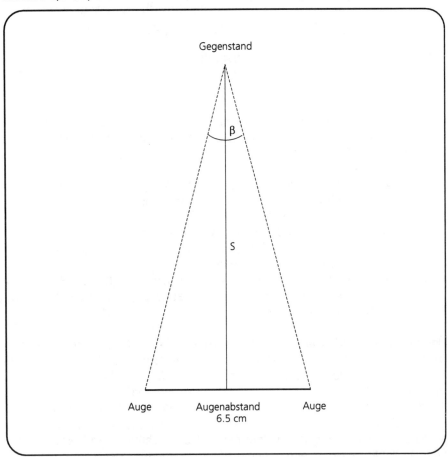

Abb. 21. Räumliches Sehen

Ab einem Konvergenzwinkel von weniger als 1′ ist die Grenze des räumlichen Sehvermögens des Menschen erreicht. Das entspricht einer Entfernung von rund 500 m. Verändern sich Entfernung und Konvergenzwinkel, ändert sich automatisch auch die Lichtbrechung (Akkommodation) der Augenlinsen, das heißt, *Konvergenz* und *Akkommodation* sind vegetativ miteinander gekoppelt.

Betrachtung von Luftbildern
Mit Hilfe des Spiegelstereoskops wird einerseits die Fähigkeit des Betrachters, zwei unterschiedliche Bilder desselben Geländes zu einem räumlichen Bild zu verarbeiten, genutzt; andererseits aber wird vom Betrachter verlangt, die vegetative Kopplung von Konvergenz und Akkommodation zu überwinden, indem er beim Betrachten eines Luftbildpaares die Augenachsen auf „unendlich" (parallel) stellt, gleichzeitig aber die Augenlinsen auf „nah" akkommodiert, um die Bilder scharf zu sehen. Diese ungewöhnliche Übung gelingt nicht jedem Betrachter.

1.2.3.1 Technische Daten von Luftbildern

Gängige *Luftbildformate* sind 23 x 23 cm, 18 x 18 cm und 6 x 6 cm (bei Satellitenbildern).
Die *Typenbezeichnung der Reihenmeßkammer RMK* hängt von der Brennweite f des verwendeten Objektivs und dem gewählten Bildformat ab. Es ist zu beachten, daß beide Angaben in cm erfolgen:

- Bei Verwendung des Normalobjektivs der Brennweite f = 30,5 cm und des Bildformats 23 x 23 cm lautet die Typenbezeichnung RMK 30/23.
- Bei Verwendung des Weitwinkelobjektivs der Brennweite f = 15,3 cm und des Bildformats 18 x 18 cm lautet die Typenbezeichnung RMK 15/18.
- Bei Verwendung des Teleobjektivs mit der Brennweite f = 61,0 cm und des Bildformats 6 x 6 cm lautet die Typenbezeichnung RMK 61/6.

Der zu wählende *Maßstab* für Luftbilder richtet sich natürlich nach der Aufgabenstellung. Für eine geologische Übersichtskartierung können Luftbilder im Maßstab 1 : 30.000, 1 : 60.000 oder 1 : 120.000 ausreichend sein. Für eine geologische Detailkartierung sollten Luftbilder im Maßstab 1 : 15.000 bis 1 : 30.000 verwendet werden. Für die Erkundung von Altablagerungen empfiehlt sich die Verwendung von Luftbildern mit noch größerem Maßstab.
Jedes Luftbild hat einen Bildrahmen mit drei schmalen und einer breiten Seite. In der Mitte jeder Seite befindet sich zur Festlegung des Bildmittelpunktes eine *Rahmenmarke*. Bei Vertikalbildern entspricht der *Bildmittelpunkt* dem *Geländenadir*. Das ist der Punkt im Gelände, über dem sich die Kamera im Moment der Aufnahme befindet. Auf der breiten Rahmenseite sind wichtige technische Daten photographisch festgehalten:

- Datum zur Dokumentation (Jahreszeit und Zustand der Vegetation zum Zeitpunkt der Befliegung);

- **Uhrzeit**
  - zur Dokumentation und Festlegung der Bildfolge,
  - zur Berechnung der Fluggeschwindigkeit aus Ds (Abstand zweier Bildmittelpunkte) und Dt (Zeitdifferenz zweier Aufnahmezeiten),
  - zur Ermittlung der Himmelsrichtung nach dem Sonnenstand;
- Libelle mit konzentrischer Skala zur Kontrolle des Tilt;
- Höhenmesser mit Höhenangabe über NN oder Statoskop (Instrument zur Messung der Abweichung von der Sollflughöhe) mit Angabe der Abweichung von der Sollflughöhe;
- Zählwerk mit Bildnummer;
- Angabe des Kammertyps, der Brennweite f und des Bildformats;
- Notizfelder für weitere Eintragungen.

1.2.4 Auswertung

1.2.4.1 Orientierung von Luftbildern

Um Luftbilder unter dem Spiegelstereoskop zu orientieren, sind folgende Arbeitsschritte durchzuführen:

1. Zunächst werden die *Bildmittelpunkte* M1 und M2 beider Luftbilder als Schnittpunkte der Verbindungslinien der gegenüberliegenden Rahmenmarken ermittelt und durch Kreuze mit einem feinen Filzstift markiert.
2. Wegen der Längsüberdeckung von 60 % enthält jedes Luftbild neben seinem eigenen Mittelpunkt die Mittelpunkte der beiden Nachbarbilder, die aus diesen übertragen werden. Bei einem Luftbildpaar wird nur der Mittelpunkt des jeweils anderen Bildes (M1´, M2´) übertragen und markiert. Die eingezeichnete Verbindungslinie wird als *Bildbasis* bezeichnet. Sie stellt gleichzeitig den Flugweg dar (Abb. 22).
3. Im nächsten Schritt werden die Schnittstellen der gedachten verlängerten Bildbasislinien mit beiden Luftbildrändern markiert und die Luftbilder so angeordnet, daß beide Bildbasen und damit alle 4 Bildmittelpunkte auf einer Geraden liegen.
4. Danach werden die korrespondierenden Bildmittelpunkte M1 und M1´ oder M2 und M2´ auf den vom Hersteller des Spiegelstereoskops angegeben Abstand gebracht.

5. Zuletzt wird das Luftbildpaar unter dem Spiegelstereoskop so verschoben, daß die Linie der Bildbasen und die Verbindungslinie der Okularzentren in einer Ebene liegen. Bei richtiger Orientierung des Luftbildpaares kann der Betrachter nun ein räumliches Bild erkennen.

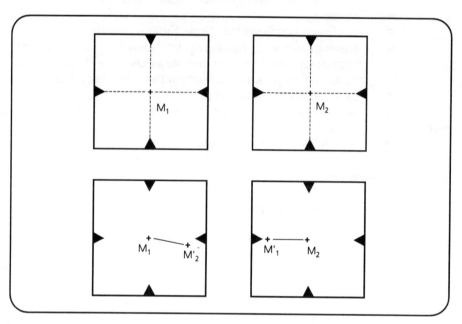

Abb. 22. Bildmittelpunkte und Bildbasis. (Nach Kronberg 1984)

1.2.4.2 Topographischer und geologischer Informationsgehalt

Luftbilder liefern Informationen über die im Gelände zu erwartende Morphologie, Erschließung, Bebauung und Vegetation. Aus ihnen lassen sich bei Bedarf exakte Karten ableiten. Zusammen mit diesen Karten dienen Luftbilder der genauen Orientierung im Gelände. Selbstverständlich ist der *topographische Informationsgehalt* von Luftbildern abhängig von deren Maßstab und Qualität.

Hinsichtlich der Geologie geben Luftbilder Aufschluß über die Art und Verbreitung der Gesteine sowie den geologischen Aufbau des interessierenden Geländes (Kronberg 1984, Schneider 1974). Sie ermöglichen auf diese Weise die Anfertigung geologischer Karten zur Lösung spezieller Probleme, so auch im Bereich der Altablagerungen.

Geologische Oberflächenerkundung

Neben Maßstab und Qualität bestimmen allerdings geologische und klimatologische Faktoren den *geologischen Informationsgehalt* von Luftbildern:.

- Die besten geologischen Informationen liefern Sedimentgesteine. Schichtung ist gleichbedeutend mit Gesteinswechsel und somit Wechsel der Gesteinseigenschaften.
- Kristalline Gesteine liefern wegen ihres homogeneren Aufbaus weniger geologische Informationen.
- Die wenigsten geologischen Informationen geben die am stärksten homogenisierten metamorphen Gesteine her.
- Bedeckung mit unverfestigten Sedimenten kann geologische Informationen des Untergrundes vollständig unterdrücken.

Direkte Auswertung
Die direkte Auswertung von Luftbildern beschränkt sich auf Objekte im Gelände, die aufgrund ihres morphologischen Charakters identifiziert werden können. Das sind beispielsweise

- Berge und Täler,
- Gruben und Halden,
- das Entwässerungsnetz,
- Gebäude und Verkehrswege sowie
- geologische Schichten und Störungen bei fehlender Überdeckung.

Mit der Betrachtung des *Entwässerungsnetzes* eines Gebietes wird üblicherweise die Luftbildauswertung begonnen. Dabei werden Orientierung, Struktur und Dichte des Entwässerungsnetzes betrachtet. Sie lassen Rückschlüsse zu auf

- Gesteinshärte und Durchlässigkeit als bestimmende Parameter für den oberflächigen Abfluß sowie
- Schichteinfallen, Kluft- und Störungssystem als bestimmende Parameter für den oberflächigen Abfluß und dessen Richtung.

Man unterscheidet folgende *Entwässerungsmuster* (Abb. 23 a - d):

- Dendritische Entwässerungsmuster sind gekennzeichnet durch astartige Verzweigungen und unregelmäßigen, mäandrierenden Verlauf ohne bevorzugte Fließrichtung bei beliebigem Zuflußwinkel der Nebenflüsse. Sie entwickeln sich gewöhnlich auf homogenem, ungestörtem, wenig erosionsanfälligem Untergrund.

- Rechtwinklige Entwässerungsmuster sind durch rechtwinklige Zuflußwinkel der Nebenflüsse und Verläufe der Flußabschnitte gekennzeichnet. Sie entwickeln sich gewöhnlich auf Untergrund mit rechtwinklig angeordneten Kluft- und Störungssystemen.
- Spalierartige Entwässerungsmuster sind durch rechtwinklige Zuflußwinkel der Nebenflüsse und Verläufe der Flußabschnitte gekennzeichnet. Dabei dominiert eine der beiden Richtungen deutlich. Sie entwickeln sich gewöhnlich auf tektonisch beanspruchtem Untergrund, wo das Drainagemuster vom Streichen und Einfallen der Schichten bestimmt wird.
- Radiale Entwässerungsmuster sind durch radialen Verlauf der Nebenflüsse im Quellgebiet gekennzeichnet. Sie entwickeln sich in Gebieten mit rundlichen Bergen und Tälern, wobei die Morphologie natürlich die Fließrichtung bestimmt.

Indirekte Auswertung
Eine Vielzahl der im Luftbild verborgenen Informationen teilt sich dem Betrachter nur indirekt in Form von Strukturen mit. Solche Strukturen sind

- Grautonabstufungen, Grautontexturen, Grautonlineare und
- morphologische Lineare.

Grautonabstufungen können qualitativ („hellgrau", „mittelgrau", „dunkelgrau") oder semiquantitativ anhand einer Eichskala beschrieben werden. Flächen gleicher Grautönung weisen häufig feine Muster, die *Grautontexturen*, auf. Sie können durch Begriffe wie „fein gestreift" oder ähnlich beschrieben werden. Unter *Grautonlinearen* werden linienhafte oder mehr oder weniger regelmäßige Grautonwechsel und -muster verstanden. Grautonabstufungen, -texturen und -lineare können von vielen Faktoren beeinflußt werden. Solche Einflußgrößen sind

- Gesteinsart/Bodenart, Eigenfarbe, Oberflächenbeschaffenheit sowie
- Feuchtigkeit (Wetter), Schattenwurf, Sonnenstand, Vegetation (Jahreszeit), Schichtung und Störungen.

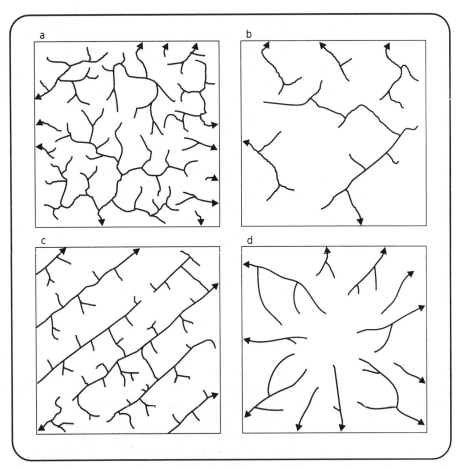

Abb. 23. a dendritisches, b rechtwinkliges, c spalierartiges und d radiales Entwässerungsmuster

Auf direkt auswertbare morphologische Objekte wurde bereits eingegangen. *Morphologische Lineare* sind geologische Strukturen, die sich dem Luftbild nur indirekt mit dem Wissen um Erosionsvorgänge und -formen entnehmen lassen. Das können sein:

- In Form von Geländerippen freigelegte steilstehende Schichtgesteine, die an ihren asymmetrischen Schichtkämmen erkennbar sind,
- durch umlaufendes Schichtstreichen erkennbare Sättel und Mulden,

- als Schwächezonen erkennbare Störungen, die besonders leicht erkennbar sind, wenn sie schräg oder rechtwinklig zum Schichtstreichen verlaufen und zu Versätzen führen sowie
- freigelegte pfropfenförmige Vulkanschlote, rippenartige Ganggesteine oder deckenbildende Eruptivgesteine.

1.2.4.3 Arbeitstechnik der Luftbildauswertung

Die Luftbildkartierung erfolgt immer bei stereoskopischer Betrachtung des Luftbildpaares. Zur Schonung des Bildmaterials wird auf Deckfolien gezeichnet. So lassen sich auch verschiedene Bildinhalte auf verschiedenen Folien getrennt darstellen. Die Deckfolien müssen auf den Luftbildern fixiert werden (Luftbild von hinten mit Tesafilm an der größeren Deckfolie festheften). Zur Reproduzierbarkeit der Lage der Deckfolien werden die Ecken und Nummern der Luftbilder auf die Folien übertragen. Gezeichnet wird mit feinen Filzstiften verschiedener Farben, z. B.

- schwarz für Schichtgrenzen und Störungen,
- blau für Gewässer,
- grün für Verkehrswege und Gebäude sowie
- rot für Altablagerungen.

Die Luftbildkartierung wird wegen der Überdeckung der Bilder nur auf jedem zweiten Luftbild einer Reihe durchgeführt. Zur Bearbeitung mehrerer Luftbilder oder gar mehrerer Luftbildreihen empfiehlt sich folgende Vorgehensweise:

1. Jede Bildreihe wird von links nach rechts geordnet.
2. Die Bilder einer Reihe werden von links nach rechts durchnumeriert.
3. Jede Bildreihe wird in einer separaten Mappe abgelegt.
4. Die Mappe mit der ersten Bildreihe A wird rechts vom Stereoskop abgelegt.
5. Das erste Luftbildpaar (Luftbild A1 links, A2 rechts) wird orientiert und ausgewertet. Nur jedes zweite Luftbild (mit gerader Nummer) erhält eine Deckfolie mit der Übertragung der Bildinhalte.
6. Luftbild A1 wird links vom Stereoskop abgelegt, A2 rückt von rechts nach links, A3 rückt nach und wird orientiert usw.
7. Am Ende der Bildreihe A werden die Bildinhalte der mit Deckfolien versehenen Luftbilder A2, A4, A6 etc. auf die Folien der Nachbarbilder B2, B4, B6 etc. übertragen, wie unter Punkt 5. beschrieben.
8. Erst danach wird die Bildreihe B ausgewertet.

Geologische Oberflächenerkundung

Durch systematisches dachziegelartiges Zusammenfügen der Luftbilder aller ausgewerteten Bildreihen entsteht ein Luftbildmosaik, das wie ein einziges Bild wirkt, solange die Voraussetzungen minimalen Tilts, minimaler randlicher Verzerrungen und eines gleichmäßigen Grautons gegeben sind. Sind im Gelände Bezugspunkte vorhanden, lassen sich Verzerrungen nachträglich mittels photogrammetrischer Geräte korrigieren. Auch für die Bestimmung absoluter Höhen mittels Stereomikrometer müssen solche Bezugspunkte existieren. Die Technik der *Entzerrung* höhenungleicher Punkte wird an anderer Stelle behandelt.

Ermittlung der Himmelsrichtung

Mit Hilfe abgebildeter Schatten und der Angabe der Uhrzeit der Bildaufnahme auf dem Bildrand läßt sich näherungsweise die *Nordrichtung* bestimmen, indem man die Schattenrichtung um n x 15 ° nach links oder rechts dreht, wobei n die Aufnahmezeit in Stunden vor oder nach 12:00 h ist.

Ermittlung des Maßstabs

Nach Abb. 16 gilt für die *Berechnung des Maßstabs* ML von Luftbildern folgende Beziehung:

$$ML = AB : CD = f : H - h \qquad (1)$$

AB = Bildformat
CD = abgebildeter Geländeausschnitt
f = Brennweite des verwendeten Objektivs
H = Flughöhe über NN
h = Geländehöhe
H - h = Flughöhe über Gelände

Die Werte für f und H - h sind den Luftbildern und topographischen Karten zu entnehmen. Die Flughöhe über Gelände H - h läßt sich aus dem Verhältnis der Brennweite f und dem mittleren Luftbildmaßstab berechnen. Es ist zu beachten, daß beide Größen in gleichen Längeneinheiten anzugeben sind.

Fehlen Angaben zur Berechnung des Maßstabs, läßt sich dieser durch *Vergleich* mit einer topographischen Karte ermitteln. Die Entfernung s zweier Punkte im Gelände ist durch den Kartenmaßstab MK festgelegt. Der gemessene Abstand auf der Karte ist sK. Es gilt

$$s = sK : MK \qquad (2)$$

Aus dem Vergleich der Entfernung s im Gelände mit dem gemessenen Abstand der Punkte im Luftbild sL ergibt sich der Luftbildmaßstab ML. Es gilt

$$s = sL : ML \qquad (3)$$

Damit gilt

$$sK : MK = sL : ML \qquad (4)$$

und

$$ML = sL \times MK : sK \qquad (5)$$

Zur Kontrolle eventuellen Tilts ist folgendes zu beachten:

- Statt einer Eichstrecke sL im Luftbild sollten 2 Eichstrecken sL1 und sL2 vermessen werden.
- Beide Eichstrecken sollten möglichst so gewählt werden, daß sie durch den Mittelpunkt des Luftbildes verlaufen.
- Beide Eichstrecken sollten aufeinander senkrecht stehen.
- Die Endpunkte beider Eichstrecken sollten auf dem gleichen, für das gesamte Luftbild repräsentativen Niveau liegen.

Führen beide Eichungen zum selben Ergebnis, liegt kein Tilteffekt vor. Bei unterschiedlichen Ergebnissen wird mit dem Mittelwert gearbeitet. Der ermittelte Maßstab ist wegen der Abbildetechnik der Zentralprojektion in jedem Fall ein *mittlerer Maßstab*, der nur für das eine Bezugsniveau gilt. Für unter diesem Bezugsniveau liegende Strecken gelten kleinere, für oberhalb gelegene Strecken größere Maßstäbe.

Ermittlung von Entfernungen
Ist das auf dem Luftbild abgebildete Gelände mehr oder weniger eben, lassen sich horizontale Entfernungen über den mittleren Maßstab berechnen. Bei deutlichen Reliefunterschieden liefert dieses Verfahren jedoch zu ungenaue Ergebnisse. Eine graphische Methode zur *Ermittlung horizontaler Entfernungen* höhengleicher Punkte im Gelände ist die *Einfolienmethode*:

1. Zunächst werden die Bildmittelpunkte, die übertragenen Bildmittelpunkte und beide zu entzerrenden Punkte auf beiden Luftbildern markiert.
2. Liegt einer der beiden zu entzerrenden Punkte etwa auf dem Niveau des mittleren Maßstabs, überträgt man die gemittelte Länge der Bildbasen *(gemittelte Bildbasis)* auf eine Deckfolie.
2.a Liegt keiner der beiden zu entzerrenden Punkte nahe dem Niveau des mittleren Maßstabs, ist statt der gemittelten Bildbasis die *angepaßte Bildbasis* zu verwenden. Sie erhält man durch Projektion des Geländepunktes G auf die Bildbasen beider Luftbilder und Addition der Abstandssumme der Projektionspunkte L1 + L2 zum jeweiligen Bildmittelpunkt (Abb. 24).

3. Nun wird die Bildbasis der Deckfolie mit der Bildbasis des linken Luftbilds zur Deckung gebracht und der Bildmittelpunkt auf der Deckfolie mit dem zu entzerrenden Punkt verbunden. Entsprechend wird mit dem rechten Luftbild verfahren. Der Schnittpunkt beider Verbindungslinien definiert die Lage des entzerrten Punktes.

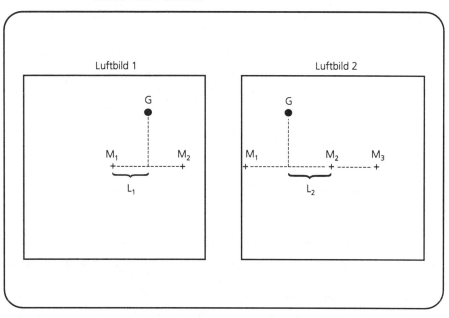

Abb. 24. Ermittlung der angepaßten Bildbasis. (Nach Kronberg 1984)

Ermittlung von Höhenunterschieden

Der Konvergenzwinkel, unter dem sich die Sehachsen der Augen beim Betrachten eines Objektes in Abhängigkeit von der Entfernung zu diesem schneiden (Abb. 21), wird als *Parallaxe* bezeichnet. Betrachtet oder photographiert man höhenungleiche Punkte von zwei Positionen aus, ergeben sich zwei Parallaxen. Aus der Parallaxendifferenz läßt sich ihr Höhenunterschied ermitteln.

Auf einem Luftbildpaar läßt sich die Parallaxe eines Geländepunktes auch als Strecke entlang der Bildbasis ausdrücken. Man erhält sie wiederum durch Projektion des Geländepunktes auf die Bildbasen und Addition der Abstände der Projektionspunkte zum jeweiligen Bildmittelpunkt (Abb. 24). Die *Parallaxendifferenz* zweier höhenungleicher Punkte H und T ergibt sich demnach aus der Differenz der Summen der Abstände der Projektionspunkte zu den Bildmittelpunkten (L1 + L2) - (L3 + L4). Bei genauer Orientierung der Luftbilder entspricht die Parallaxendifferenz der Differenz d1 - d2 der Punktabstände von Bild zu Bild (Abb. 25).

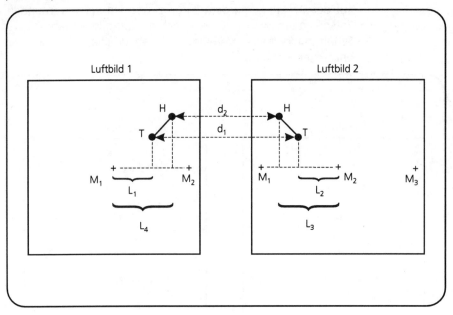

Abb. 25. Ermittlung der Parallaxendifferenz zweier höhenungleicher Geländepunkte H (Hochpunkt) und T (Tiefpunkt). (Nach Kronberg 1984)

Die Punktabstände d1 und d2 lassen sich mit dem *Stereomikrometer* messen:

1. Beide Luftbilder müssen so exakt orientiert werden, daß auch bei Betrachtung durch die Binokularlupe ein stereoskopisches Bild erkennbar ist.
2. Das Stereomikrometer wird so plaziert, daß beide Markierungen sichtbar sind.
3. Das Stereomikrometer wird so justiert, daß beide Markierungen über dem betrachteten Punkt zur Deckung gebracht werden. Der ermittelte Meßwert wird von der Mikrometerskala abgelesen.

Aus der Differenz der Ablesungen für d1 und d2 ergibt sich die Parallaxendifferenz d1 - d2, aus der sich der Höhenunterschied Δh zwischen den Punkten H und T berechnen läßt.

Für Gelände mit schwachem Relief gilt folgende Formel:

$$\Delta h = (H - h) : b \times (d1 - d2) \qquad (6)$$

H - h = Flughöhe über Gelände (m)
b = gemittelte Bildbasis (cm)
d1 - d2 = Parallaxendifferenz (cm)

Für Gelände mit starkem Relief ist folgende Formel anzuwenden:

$$\Delta h = (H - h') : (b' + (d1 - d2)) \times (d1 - d2) \qquad (7)$$

H - h' = Flughöhe über dem tiefer gelegenen Geländepunkt (m)
b' = dem tiefer gelegenen Geländepunkt angepaßte Bildbasis (cm)

Da für den Maßstab ML von Luftbildern die Beziehung ML = f : H - h' gilt, berechnet sich H - h' aus der Gleichung

$$H - h' = ML \times f \qquad (8)$$

Der Luftbildmaßstab ML läßt sich durch Vergleich ermitteln. Hierzu wird eine Eichstrecke auf dem Niveau des tiefer gelegenen Geländepunktes benutzt. Der Wert für die Brennweite f des benutzten Objektivs ist dem Luftbild zu entnehmen. Es ist wieder darauf zu achten, daß beide Größen in der selben Längeneinheit angegeben werden.

Anwendungsbeispiele

Die Bestimmung von Höhenunterschieden bei der Luftbildauswertung kann folgende Ziele haben:

- Ermittlung von Mächtigkeiten horizontaler Schichten, Tiefen von Gruben sowie Schütthöhen und Rauminhalt von Altablagerungen mit abgestuften Wänden (Abb. 26),
- Ermittlung vertikaler Versatzbeträge steiler Störungen, Tiefen von Gruben sowie Schütthöhen und Rauminhalt von Ablagerungen mit schrägen Wänden (Abb. 27),
- Ermittlung des Einfallens von Schicht- und Störungsflächen sowie Böschungswinkeln von Halden (Abb. 28) und
- Ermittlung von Mächtigkeiten geneigter Schichten bei mittlerem (Abb. 29) und steilem (Abb. 30) Einfallen.

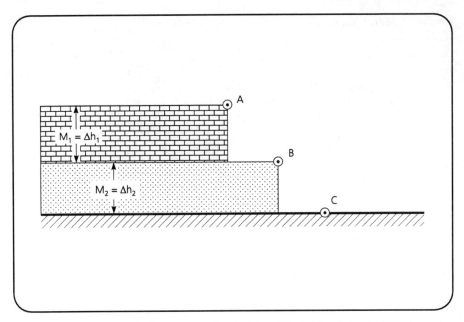

Abb. 26. Ermittlung von Mächtigkeiten. (Nach Kronberg 1984)

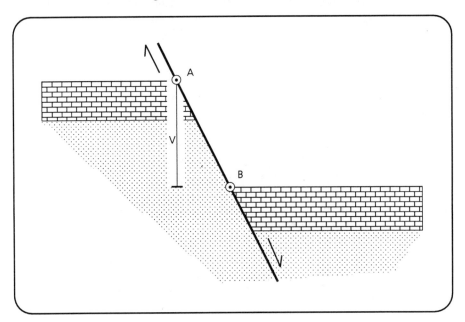

Abb. 27. Ermittlung vertikaler Versatzbeträge. (Nach Kronberg 1984)

Geologische Oberflächenerkundung

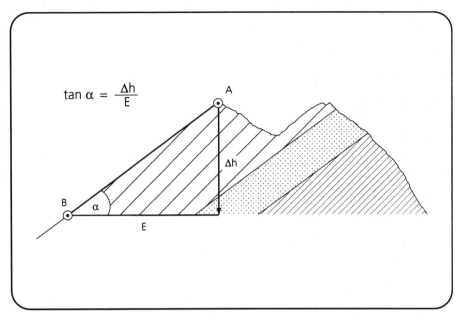

Abb. 28. Ermittlung von Schichteinfallen und Böschungswinkeln. (Nach Kronberg 1984)

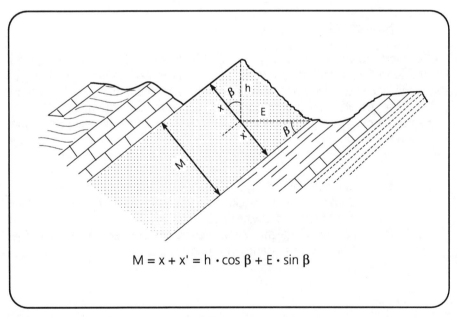

Abb. 29 Ermittlung von Schichtmächtigkeiten bei mittlerem Einfallen. (Nach Kronberg 1984)

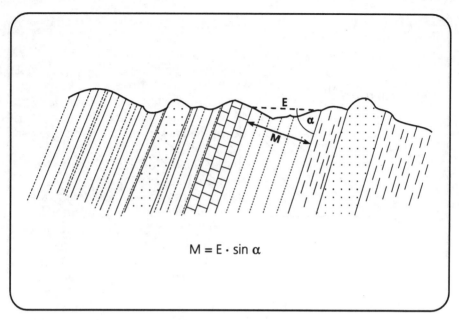

Abb. 30. Ermittlung von Schichtmächtigkeiten bei steilem Einfallen. (Nach Kronberg 1984)

1.2.5 Fehlerquellen

Die Auswertung von Luftbildern kann durch eine Vielzahl möglicher Ungenauigkeiten und Fehler beeinträchtigt werden. Diese Fehler können ihre Ursachen sowohl in der Entstehung von Luftbildern, in systembedingten Eigenarten der Luftbilder selbst, als auch in der Person des Auswertenden haben.

Fehler bei der Entstehung von Luftbildern können durch ungeeignete Randbedingungen verursacht werden. So sind qualitativ gute und aussagekräftige Luftbilder unter folgenden Bedingungen grundsätzlich nicht zu erwarten:

- Filmmaterial (Filmtyp, Empfindlichkeit, Auflösungsvermögen, Qualität der Entwicklung) oder Brennweite des Objektivs (Maßstab) sind ungeeignet.
- Wetterlage (Sicht, Wind, Feuchtigkeit) oder Jahreszeit (Vegetation, Sonnenstand) sind ungünstig.

Geologische Oberflächenerkundung 53

Starker, böiger Wind kann auf das Flugzeug als Kameraträger folgende Auswirkungen haben:

- Der Flugzeugrumpf wird um die Längsachse abgelenkt. Es kommt zum Tilt. Die entstehenden Luftbilder sind keine Vertikalbilder mehr, bis zu einer Abweichung von 3° von der Vertikalen jedoch noch gut auswertbar. Abhilfe kann durch kardanische Aufhängung der Aufnahmekamera geschaffen werden.
- Der Flugzeugrumpf wird um die Hochachse abgelenkt. Die Längsachse weicht von der Flugrichtung ab. Die entstehenden Luftbilder weisen eine schiefe Überdeckung auf.
- Die Fluggeschwindigkeit ist nicht konstant. Es kommt zu einer ungleichen Längsüberdeckung der entstehenden Luftbilder.
- Die Flugrichtung wird nicht beibehalten. Es kommt zu einer ungleichen, schiefen Querüberdeckung.
- Die Flughöhe ist nicht konstant. Da die Flughöhe den Maßstab direkt beeinflußt, weisen die entstehenden Luftbilder unterschiedliche Maßstäbe auf. Eine Abweichung um 1 % der Flughöhe ist hierbei tolerierbar. Abweichungen von der vorgegebenen Flughöhe registriert das Statoskop.

Bedingt durch die Abbildungstechnik der Zentralprojektion (Abb. 19) werden Objekte unterschiedlicher Höhenlage im Gelände auf dem Luftbild verzerrt abgebildet:

- Über dem Geländenadir gelegene Punkte erscheinen im Bild nach außen, unter dem Geländenadir gelegene Punkte nach innen versetzt. Der Betrag des *reliefbedingten Versatzes* hängt vom absoluten Höhenunterschied zum Geländenadir sowie von dessen horizontaler Entfernung ab, wobei sich der Effekt mit zunehmender Entfernung (zum Bildrand hin) abschwächt. Die *Radialverzerrung* bewirkt eine Verschiebung von Geländepunkten in Abhängigkeit ihrer Höhenlage im Gelände. Luftbilder sind bei kräftiger Morphologie weder längen- noch winkeltreu. Der optische Effekt ähnelt dem von Weitwinkelaufnahmen: Senkrechte Flächen und Körper (Steilwände, Kirchtürme) neigen sich scheinbar nach außen.

Reliefbedingte Verzerrungen auf Luftbildern lassen sich mit dem Orthoskop eliminieren. Das Ergebnis sind jedoch *orthoskopische Bilder*, die sich nicht mehr stereoskopisch betrachten lassen. Solche orthoskopischen Bilder oder *Luftbildpläne* (Einzelbilder oder Montagen) übertreffen topographische Karten an Maßstabsgenauigkeit und Detailreichtum bei weitem. Sie eignen sich deshalb hervorragend als Basiskarten.

Charakteristisch für stereoskopische Bilder ist die Überbetonung von Höhenunterschieden:

- Berge erscheinen höher, Täler tiefer als sie wirklich sind.
- Geneigte Strukturen wie Schichtflächen und Böschungswinkel werden steiler abgebildet als sie sind.

Für den Betrachter von Luftbildern hat die *vertikale Überhöhung* den Vorteil, daß sie morphologische Details, gerade bei nicht sehr ausgeprägter Morphologie, hervorhebt. In Gebieten stärkerer Morphologie erschwert sie hingegen das Abschätzen von Neigungswerten. Sehr steile Strukturen läßt sie sogar senkrecht erscheinen. Die vertikale Überhöhung erfolgt im Durchschnitt um den Faktor drei. Er hängt von den Aufnahmebedingungen wie auch vom Betrachter (Augenabstand, Einstellung des Stereoskops) ab.

Einer der häufigsten Gründe für *fehlerhafte Auswertungen* von Luftbildern ist die mangelhafte Erfahrung des Betrachters.

1.2.6 Qualitätssicherung

Für die Auswertung von Luftbildern zur Erkundung von Altablagerungen als kostengünstige Informationsquelle vor dem Einsatz weiterführender Untersuchungen wird üblicherweise auf vorhandenes Bildmaterial zurückgegriffen. Fehler bei der Entstehung dieses Bildmaterials sind folglich kaum mehr zu beheben. Die durch optische Effekte bedingten Fehler bei der Abbildung eines Geländeausschnitts müssen zwar in Kauf genommen werden, lassen sich jedoch bei der Auswertung von Luftbildern berücksichtigen. Vermeidbar sind dagegen die bei der Auswahl und Auswertung von Luftbildern möglichen Fehler:

- Maßstab, Filmtyp und Qualität der verwendeten Luftbilder müssen der Aufgabenstellung angemessen sein.
- Durch Einhaltung der beschriebenen Vorgehensweisen bei der Orientierung von Luftbildern und der Luftbildauswertung ist sicherzustellen, daß es nicht zu fehlerhafter Orientierung oder Vertauschen von Luftbildpaaren kommt.
- Wegen des Einflusses von Augenabstand und Stereoskopeinstellung des Betrachters auf das Maß der vertikalen Überhöhung von Strukturen bei stereoskopischer Betrachtung von Luftbildern ist es wichtig, daß die Auswertung einer Luftbildserie vom selben Bearbeiter am selben Stereoskop durchgeführt wird, um möglichst viele der die Überhöhung bestimmenden Faktoren konstant zu halten und Fehlerquellen zu minimieren. Die Kontrolle der Luftbildauswertung durch einen zweiten Bearbeiter hilft, subjektive Eindrücke zu unterdrücken.

Geologische Oberflächenerkundung

- Zur Vermeidung falscher Schlüsse sollten die Randbedingungen bei der Betrachtung von Luftbildreihen möglichst ähnlich sein. Filmtyp und -empfindlichkeit, Bildmaßstab und -format, Jahreszeit und Witterungsbedingungen sollten vergleichbar sein. Auch der Zeitpunkt der Geländebegehung sollte so gewählt werden, daß die Bedingungen des Befliegungszeitpunkts im Gelände angetroffen werden.
- Am Schluß sei nochmals auf die hohen Anforderungen an den Luftbildauswerter hingewiesen: Voraussetzungen für eine gute Luftbildauswertung sind Kenntnisse und Erfahrungen des Bearbeiters auf den Gebieten der Geologie und Hydrogeologie, geomorphologisches Verständnis und gutes räumliches Vorstellungsvermögen. *Zur Überprüfung und Eichung der den Luftbildern entnommenen Informationen sind Geländebegehungen unbedingt erforderlich.*

1.2.7 Zeitaufwand

Der Zeitaufwand für die Auswertung von Luftbildern kann nicht pauschal quantifiziert werden. Er ist von einer Reihe von Faktoren abhängig:

- Durch Studium von Literatur und Karten sowie Befragung von Zeitzeugen ist herauszufinden, in welchem Zeitraum die Altablagerung entstanden ist.
- Für die multitemporale Auswertung sind für diesen Zeitraum Luftbilder und auch Kartensätze zu beschaffen. Es ist zu bedenken, daß dazu aufwendige Recherchen in Archiven notwendig sein können. Es kann bei spezieller Aufgabenstellung erforderlich werden, von Luftbildern Basiskarten anzufertigen.
- Der Zeitaufwand für die eigentliche Auswertung der Luftbilder, die Übertragung der Bildinhalte, die Eichung der Bildinhalte durch Geländebegehungen und die Erstellung eines Berichts sind abhängig von der Problemstellung, der Gesamtfläche der zu bearbeitenden Luftbilder, deren Informationsgehalt und Qualität sowie der Größe und Zugänglichkeit des Geländes. Er kann somit wenige Stunden bis mehrere Wochen betragen.

1.2.8 Kosten (Stand 1996)

Wichtigster Kostenfaktor sind die Personalkosten einschließlich eventuell notwendiger Dienstreisen für Archivrecherchen. Ist die technische Ausrüstung vorhanden, schlagen die Kosten für die *Luftbilder* selbst, für Vergrößerungen und Entzerrungen sowie andere Materialkosten nur untergeordnet zu Buche.

Kontaktabzüge schwarz-weiß	15 - 40 DM
Kontaktabzüge farbig	20 - 120 DM
Vergrößerungen	40 - 80 DM
Luftbildpläne, orthoskopische Bilder	40 - 60 DM

Zu den genannten Stückpreisen wird üblicherweise eine Bearbeitungsgebühr von ca. 100 DM erhoben. Je nach Auftragsumfang räumen einige Firmen Rabatte ein.

Die Kosten für *Befliegungen* sind den Preislisten der einschlägigen Firmen zu entnehmen. Generell kann festgestellt werden, daß es bei der Wahl des Bildmaßstabs gilt, zwischen der erforderlichen Detailauflösung für eine bestimmte Problemstellung und den Kosten für die Befliegung einen vernünftigen Kompromiß zu finden, da letztere exponentiell in den Faktor der Maßstabsvergrößerung eingehen.

Die Kosten für *Auswertung und Dokumentation* werden auf 1.000 DM/Tag und Mann geschätzt.

Spiegelstereoskope einschließlich verschiedener Okularaufsätze und eines Stereomikrometers sind zu Preisen von 5.000 - 9.000 DM erhältlich.

1.2.9 Bezugsquellen

Luftbilder sind im Laufe der Zeit von den unterschiedlichsten Institutionen und Firmen in Auftrag gegeben, von den unterschiedlichsten Auftragnehmern angefertigt und schließlich von den unterschiedlichsten Nutzern verwendet worden. Ein Zentralarchiv für Luftbilder existiert in Deutschland nicht. Folglich kommen auch die unterschiedlichsten Quellen in Frage. In jedem Einzelfall ist zu prüfen, ob und wo Luftbilder eines bestimmten Gebietes und Zeitraumes vorhanden sind und ob sie nutzbar oder mit irgendwelchen restriktiven Auflagen belegt sind. Mögliche Bezugsquellen sind:

- Ämter für Landesplanung und Stadtentwicklung,
- Bundesarchive,
- Bundeswehrarchive,
- Hauptstaatsarchive,
- Kampfmittelbeseitigungsdienste,
- Katasterämter,
- Landesvermessungsämter,

Geologische Oberflächenerkundung

- Luftbildfirmen,
- Luftbildarchive der Alliierten,
- Luftbilddatenbank Würzburg,
- Ordnungsämter,
- Regierungspräsidien,
- Staatsarchive,
- Stadtarchive,
- Umweltämter,
- Universitäten und
- Vermessungsämter.

Schwarz-weiße Original-Luftbilder aus der Zeit nach dem 2. Weltkrieg sowie Vergrößerungen sind über die Landesvermessungsämter und Luftbildfirmen erhältlich. Infrarot-Luftbilder sind dagegen nicht für alle Bereiche Deutschlands vorhanden.

Befliegungspläne (Blattübersichten) der Landesvermessungsämter (beispielsweise des Niedersächsischen Landesverwaltungsamtes -Landesvermessung- im Maßstab 1 : 500.000, Stand 01.01.1990) geben Auskunft über die Existenz von Luftbildern und deren Entstehungsjahr.

Für manche Gebiete Deutschlands sind neben Luftbildern Luftbildpläne im Maßstab 1 : 5.000 oder 1 : 10.000 verfügbar. Sie setzen sich aus vergrößerten, entzerrten orthoskopischen Bildern von Luftbildern zusammen und eignen sich als Basiskarten.

Adressen

Bundesarchiv
Am Wöllershof 12
56068 Koblenz   Tel.: 0261/339-1

Bundesforschungsanstalt für
Landeskunde und Raumordnung
BfLR
Am Michaelshof 8
53177 Bonn   Tel.: 0228/826-1

Institut für
Angewandte Geodäsie
IfAG
Richard-Strauß-Allee 11
60598 Frankfurt/Main   Tel.: 069/6333-1

Luftbilddatenbank
Saalgasse 3
97082 Würzburg   Tel.: 0931/4501100

Niedersächsisches Innenministerium
Lavesallee 6
30169 Hannover   Tel.: 0511/120-1
Niedersächsisches Landesamt
für Ökologie
An der Scharlake 39
31135 Hildesheim   Tel.: 05121/509-0

Niedersächsisches Landesverwaltungsamt
-Landesvermessung-
Warmbüchenkamp 2
30159 Hannover   Tel.: 0511/3673-0

Niedersächsisches Umweltministerium
Archivstr. 2
30169 Hannover   Tel.: 0511/104-0

Niedersächsisches Ministerium für
Ernährung, Landwirtschaft und Forsten
Calenberger Str. 2
30169 Hannover   Tel.: 0511/120-1

University of Keele
Department of Geography
Aerial Photography
Keele, Staffordshire ST5 5BG
Great Britain   Tel.: 0044/782/621111

2 Geologische Aufschlußmethoden

Nach dem Studium von Akten, der Befragung von Zeitzeugen, der multitemporalen Auswertung von Karten, Planunterlagen und Luftbildern zur Erfassung der topographischen und geologischen Lage von Altablagerungen und Altstandorten und deren historischer Entwicklung bieten geologische Aufschlußmethoden in Form von *Schürfen, Sondierbohrungen* und *Bohrungen* die Möglichkeit, den Standort exakt einzugrenzen, Einblick in seinen Schichtaufbau zu gewinnen, Proben zu nehmen und diese Aufschlüsse für den *Bau von Grundwasser-, Sickerwasser- und Deponiegasmeßstellen zu nutzen.*

2.1 Schürfe

Schürfe sind künstlich angelegte horizontale oder geringfügig geneigte, begehbare Aufschlüsse in Form von Gräben, Gruben und Schächten, die einen räumlichen Einblick in den Untergrund und die Altablagerung und die Gewinnung von Proben gestatten.

2.1.1 Anwendungsbereiche

Nach Abschluß der geologischen Oberflächenerkundung gilt das Interesse zunächst dem Aufbau und der Zusammensetzung des oberflächennahen Untergrundes im Bereich der Verdachtsfläche. Das Anlegen von Schürfen als einfache geologische Aufschlußmethode kann folgenden Zielen dienen:

- Erkundung der Ausdehnung der Altablagerung,
- Feststellung der Art der Altablagerung durch gezielte Probenahme,
- Erkundung von Schichtfolge, Schichtmächtigkeit und räumlicher Lage, Klüftung und Klufthäufigkeit,
- Ermittlung von Gesteinsparametern durch Feldversuche und Probengewinnung,
- Ermittlung bodenmechanischer Parameter wie Kompressibilität, Lagerungsdichte, Scherfestigkeit, Wassergehalt,
- Einrichtung von stationären Meßstellen für Sickerwasser, Grundwasser, Deponiegas sowie
- Freilegung von Deponiebasisabdichtung, Drainage- und Entgasungssystemen zum Zweck der Begutachtung und Reparatur.

Schürfe haben gegenüber Sondierbohrungen und Bohrungen Vorteile:

- Der Aufschluß ist der räumlichen Beobachtung direkt zugänglich.

- Feststoffproben sind in jeder Dimension gezielt möglich: Von der großvolumigen Mischprobe über diskrete vertikale und horizontale Mischproben bis zur punktgenauen orientierten Stichprobe.
- Messung und Beprobung flüssiger und gasförmiger Bestandteile sind im ungestörten Schichtverband in situ ohne Beeinträchtigung etwa durch Bohrspülung möglich.
- Schadstoffherde wie etwa Chemikalienfässer können bei schonendem Vortrieb von Schürfen (im Extremfall manuell) unbeschädigt detektiert werden. Gegenstände solcher Art in Altablagerungen können Sondierungen und Bohrungen unter Umständen unmöglich machen.

2.1.2 Planung/Durchführung

Schürfe können grundsätzlich in jedem manuell oder maschinell abgrabbaren Material natürlicher oder künstlicher Herkunft angelegt werden. Bei der Untersuchung von Altablagerungen werden Schürfe überwiegend auf der Ablagerungsfläche oder im Kontaktbereich zum Nebengestein oberhalb des Grundwasserspiegels angelegt. Allenfalls bei sehr geringen Durchlässigkeiten des Untergrundes können Schürfe auch unterhalb des Grundwasserspiegels liegen; hier werden dann unter Umständen Wasserhaltungsmaßnahmen erforderlich. Bei gespannten Grundwasserverhältnissen ist die Standsicherheit der Böschungen wegen der Gefahr plötzlicher Grundwasserdurchbrüche besonders gefährdet.

Vorschriften
Schürfe werden bis ca. 2,5 m Tiefe in Handschachtung, ansonsten durch Baggeraushub angelegt. Die baulichen Vorschriften für das Anlegen von Schürfen sind ersichtlich aus:

- DIN 4124 (1981) Baugruben und Gräben, Böschungen, Arbeitsraumbreiten, Verbau.

Die Norm gilt für Baugruben und Gräben, die von Hand oder maschinell ausgehoben und in denen Bauwerke oder Kanäle hergestellt oder Leitungen verlegt werden. Sie gibt an, nach welchen Regeln Baugruben und Gräben zu bemessen und auszuführen sind. Aus Abb. 31 sind die aus Gründen des Arbeitsschutzes geforderten Maße für verschiedene unverbaute Schürfe ersichtlich, bei deren Einhaltung besondere statische Nachweise entfallen können.

Geologische Aufschlußmethoden

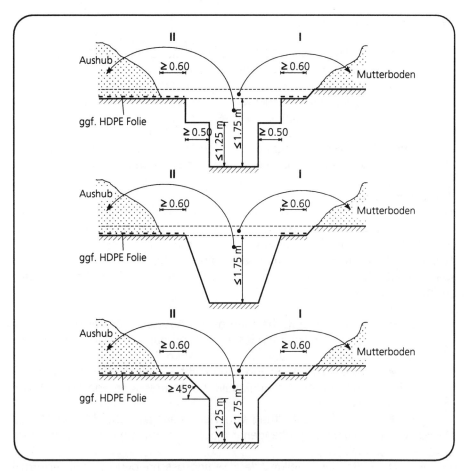

Abb. 31. Maße von Schürfen ohne Verbau

Für Schürfe in unmittelbarer Nähe von Bauwerken ist außerdem zu beachten:

- DIN 4123 (1972) Gebäudesicherung im Bereich von Ausschachtungen, Gründungen und Unterfangungen.

Die Norm gilt für Ausschachtungen und Gründungsarbeiten neben bestehenden Gebäuden. Sie gibt an, wie solche Arbeiten in einfachen Fällen ohne umfangreiche Sicherheitsnachweise für die Gebäude so durchgeführt werden können, daß die Standsicherheit dieser Gebäude gewährleistet bleibt.

Weiterhin sind zu beachten:

- DIN 18 299 (1988) VOB Verdingungsordnung für Bauleistungen, Teil A: Besondere Leistungen,
- DIN 18 300 (1988) VOB Verdingungsordnung für Bauleistungen, Teil C: Allgemeine Technische Vertragsbedingungen für Bauleistungen, Erdarbeiten.

Die Normen geben Hinweise für das Erstellen von Leistungsbeschreibungen unter besonderer Berücksichtigung der Risiken des Baugrundes.

Arbeitssicherheit
Die baulichen Maßnahmen zur Verhütung von Unfällen wurden bereits erwähnt. Um optimale Untersuchungsmöglichkeiten zu gewährleisten, sollten Schürfe begehbar sein. Eine besondere Gefahr in Schürfen auf und am Altablagerungskörper stellt die des möglichen direkten Kontaktes mit festen, flüssigen und gasförmigen Schadstoffen dar. Deswegen sind hier strenge Sicherheitsvorkehrungen zu treffen:

- Historische Recherchen geben Auskunft über die Inhaltsstoffe der Altablagerung insgesamt und damit über ihr toxisches Potential.
- Die Auswertung von Karten läßt auf eventuelle Emissionspfade und damit auf punktuelle Konzentrationen von Schadstoffen schließen.
- Durch Auswertung von Planunterlagen läßt sich der Verlauf eventuell vorhandener Ver- oder Entsorgungsleitungen feststellen.
- Bei der Erstellung der Leistungsbeschreibung sind die erforderlichen Schutzmaßnahmen (Schutzzonen, Reinigungsanlagen) zu beschreiben.
- In Abhängigkeit von den festgelegten Schutzzonen und den beabsichtigten Arbeiten sind die Schutzausrüstungen für Personen (Schutzkleidung, Atemschutz) festzulegen.
- Die Baumaßnahmen sind durch meßtechnische Überwachung zu begleiten. Eventuell sind weiterführende technische Maßnahmen wie Bewetterung zu ergreifen.
- Für den beteiligten Personenkreis sind alle erforderlichen arbeitsmedizinischen Maßnahmen durchzuführen.
- Die Baumaßnahmen sind, ganz besonders im Bereich von Altablagerungen, von fachlich geschultem Personal zu leiten und zu beaufsichtigen. Alle auf der Baustelle tätigen Personen sind über die Gefahren und das Ziel des Bauvorhabens aufzuklären.

Detaillierte Hinweise zu Schutzmaßnahmen im Zusammenhang mit Altlasten sowie Handlungsanleitungen nebst Richtwerten, Vorschriften, Regeln und Merkblättern geben Burmeier et al. (1995).

Um die Verschleppung möglicher Kontaminationen zu verhindern, sollte der Aushub grundsätzlich in abdeckbaren, dichten Containern zwischengelagert werden. Schürfe sollten nach Beendigung der Untersuchungsarbeiten möglichst bald wieder mit Aushub oder inertem Material verfüllt werden.

Im Zweifelsfall sollte auf die Begehung von Schürfen verzichtet und die Begutachtung und Beprobung am Aushub vorgenommen werden.

2.1.3 Auswertung

Profilaufnahme/Dokumentation
Wichtig ist eine umgehende, möglichst detaillierte, separate Aufnahme aller Grubenwände und des Grubenbodens, da Schürfe, wie alle offenen Aufschlüsse, witterungsbedingten Veränderungen unterliegen. Wichtig sind

- Dokumentation der äußeren Bedingungen,
- Angaben zur Lage des Schurfs,
- eindeutige Bezeichnung der Wände etwa nach der Himmelsrichtung,
- Aufmaß in Länge und Tiefe,
- Ausrichtung nach Streichen und Fallen mit dem Geologenkompaß,
- photographische Dokumentation mit Maßstab, Farbskala, Datum und Uhrzeit,
- Skizze der Lagerungsverhältnisse und Inhalte mit Mächtigkeitsangaben analog der Schichtbeschreibungen von Bohrprofilen sowie
- Dokumentation dynamischer Prozesse mit Videosystemen.

Probenahme
Ungestörte *Feststoffproben* aus den Sohlen und Wänden von Schürfen lassen sich mit dem Entnahmezylinder gewinnen. Er wird entweder zentrisch eingedrückt oder eingeschlagen, dann vorsichtig ausgegraben und am Boden abgetrennt.

Flüssige Proben aus Schürfen, die im Grund- oder Sickerwasser stehen, lassen sich als Schöpfproben gewinnen. Dabei ist sicherzustellen, daß keine Verfälschung der Proben durch aus den Wänden nachfallendes Material eintritt. Auf den Bau von Grund- und Sickerwassermeßstellen wird in Kap. 3 eingegangen. Die Probenahme und Analytik von Wässern behandeln die Kap. 1.7.1 und 1.8.1 des Altlastenhandbuchs.

Proben von *Deponiegas* lassen sich in Schürfen aus speziell anzulegenden stationären Gasmeßstellen gewinnen. Auf den Bau solcher Deponiegasmeßstellen wird in Kap. 3 eingegangen. Die Vor-Ort-Messung von Deponiegasen mittels Bodenluftsonden und Aktivkohleröhrchen oder tragbarer Geräte zur Messung von Methan und anderer Gase wird in Kap. 1.8.3.1 des Altlastenhandbuchs behandelt.

2.1.4 Fehlerquellen

Fehler können bei der Planung von Schürfen, bei der Durchführung der Baumaßnahmen als auch bei der Auswertung begangen werden.

- Mangelhafte historische Recherchen erhöhen das Risiko der Unkenntnis der Stoffinhalte einer Altablagerung und damit der Unkenntnis deren toxischen Potentials.
- Mangelhafte Auswertungen von Karten und Luftbildern erhöhen die Unsicherheit über die Menge der verborgenen Inhaltsstoffe sowie möglicher Emissionspfade.
- Mangelhafte Planung kann zur falschen Standortwahl von Schürfen und damit zu falschen Schlüssen und Fehleinschätzungen bezüglich des Gefährdungspotentials einer Altablagerung führen.
- Mangelhafte organisatorische Überwachung und wissenschaftliche Begleitung beim Anlegen von Schürfen können Informationsverluste und -verfälschungen zur Folge haben, da das Anlegen von Schürfen, Gräben, Gruben und Schächten in der einschlägigen Branche zwar gängige Praxis ist („Schachtmeister"), im Umgang mit Altablagerungen jedoch immer noch erhebliche Erfahrungsmängel bestehen.
- Mangelhafte bauliche Ausführung und Absicherung von Schürfen können zu einer ernsten Bedrohung von Personen (Einsturzgefahr) führen.
- Mißachtung von Schutzmaßnahmen und mangelhafte meßtechnische Überwachung der Baumaßnahmen können verheerende Folgen (Explosionen, Vergiftungen, nachhaltige gesundheitliche Schädigungen) haben.
- Neben den bereits genannten Risiken können Fehler bei der Auswertung falsche Schlüsse und damit Fehlinvestitionen in Form unnötiger Folgemaßnahmen oder wiederum Fehlschlüsse bezüglich des Gefährdungspotentials einer Altablagerung nach sich ziehen.

2.1.5 Qualitätssicherung

Qualitätssicherung muß bereits in der Planungsphase von Schürfen auf Altablagerungen beginnen:

- Durch sorgfältige historische Recherchen lassen sich Informationen über zu erwartende Inhaltsstoffe und ihr Gefährdungspotential, ihren Lagerungsort und besondere Vorkommnisse (Brände, Sickerwasseraustritte) ermitteln.
- Sorgfältige multitemporale Auswertungen von Kartenmaterial und Luftbildern ermöglichen die Lokalisierung und Eingrenzung von Verdachtsflächen, die Ermittlung ihrer geschichtlichen Entwicklung und Aussagen über die geologischen und hydrogeologischen Verhältnisse des Untergrundes und somit das gezielte Anlegen von Schürfen.
- Bei der Planung und Durchführung der Baumaßnahmen sind die bereits im gleichnamigen Kapitel aufgeführten einschlägigen technischen Vorschriften zu beachten. Praktische Hilfe bei der schwierigen Formulierung von Leistungsbeschreibungen für Bauleistungen im Bereich von Altablagerungen und Altlasten bieten die in der Form von Textvorschlägen gehaltenen „Leistungstexte".
- Was den Arbeits- und Emissionschutz angeht, sind bei der Erkundung von Altablagerungen und der Sanierung von Altlasten neben den genannten technischen Vorschriften eine Vielzahl neuer Gesetze und Verordnungen zu beachten, mit deren richtiger Anwendung alle an einer solchen Maßnahme Beteiligten verständlicherweise noch Probleme haben. Es sei an dieser Stelle nochmals auf den von Burmeier et al. (1995) verfaßten Leitfaden hingewiesen.
- Nicht zuletzt haben ständige sicherheits- und meßtechnische sowie wissenschaftliche Begleitung der Bauarbeiten, Aufnahme und Auswertung durch erfahrenes Personal zu erfolgen, um optimale Ergebnisse zu erlangen. Diesem Ziel dient auch die Unterrichtung aller an der Baumaßnahme beteiligten Personen über die Ziele des Projektes und mögliche Gefahren.

2.1.6 Zeitaufwand

Der Zeitaufwand für das Anlegen von Schürfen läßt sich nicht pauschal angeben. Er ist von einer Reihe von Faktoren abhängig:

- Die Problemstellung diktiert die Anzahl und die Abmessungen der Schürfe. Diese können vom kleinen Handschurf über eine rechteckige Grube oder einen tiefen Schacht bis zum langen Schlitzgraben reichen.
- Weitere bestimmende Faktoren sind Zugänglichkeit und Standsicherheit des Geländes. Befindet sich die Altablagerung in einem Gebäude, sind den Einsatzmöglichkeiten schwerer Geräte Grenzen gesetzt.
- Natürlich hängt der Zeitaufwand auch von der Wahl des Gerätes ab: Der Aushub mit einem Spaten ist zeitaufwendiger als der Einsatz von schwerem Gerät. Bei Verwendung schwerer Gerätschaften ist der Zeitaufwand für An- und Abtransport sowie Umsetzen auf der Baustelle einzurechnen. Darüber hinaus kann sich der Aufwand an Zeit und Gerätschaft erhöhen, wenn nicht verzeichnete Ver- und Entsorgungsleitungen angetroffen werden, was bei Altstandorten häufig der Fall ist.
- Erheblichen Einfluß auf den Zeitbedarf für das Anlegen von Schürfen und den damit verbundenen sicherheitstechnischen Aufwand hat das Gefährdungspotential der Altablagerung selbst. Dieses ist trotz sorgfältigster Vorbereitung nicht mit Sicherheit voauszusagen, was die Planung von Schürfen generell problematisch macht. So wird die Vorgehensweise nicht selten von den angetroffenen Verhältnissen bestimmt, was im Extremfall zur völligen Abkehr von der ursprünglichen Planung führen kann.

2.1.7 Kosten

Die Kosten für das Anlegen von Schürfen lassen sich ebensowenig pauschal beziffern wie der Zeitbedarf, da sie im wesentlichen von den selben unwägbaren Faktoren (Abmessungen der Schürfe, Wahl des Gerätes, Zusammensetzung der Altablagerung, sicherheitstechnischer Aufwand) abhängen. Zudem schwanken die Kosten für Mietgeräte und Personal regional deutlich und unterliegen zeitlichen Veränderungen. Zu erwähnen bleiben erhebliche Kosten, die durch Zwischenlagerung und eventuell Transport und Einlagerung von Aushub entstehen, wenn dieser nicht zur Wiederverfüllung der Schürfe benutzt werden kann oder soll.

Geologische Aufschlußmethoden

2.1.8 Bezugsquellen

Potentielle Auftragnehmer für das Anlegen von Schürfen sind grundsätzlich alle Tiefbauunternehmen. Da das bewußte Arbeiten in kontaminierten Bereichen unter Einhaltung der Arbeitsschutzmaßnahmen für viele Unternehmen noch das Betreten von Neuland bedeutet, sollten bei der Ausschreibung der Leistungen solche Firmen bevorzugt berücksichtigt werden, die nachweislich Erfahrungen auf diesem Gebiet anführen können und über im Umgang mit Schutzausrüstung und Meßgeräten geübtes Personal verfügen.

Adressen geowissenschaftlicher und geotechnischer Institutionen und Firmen finden sich in der Broschüre „Geopotential in Niedersachsen", herausgegeben von der Niedersächsischen Akademie der Geowissenschaften in Hannover. Dieser Wegweiser ist kostenlos erhältlich bei der Geschäftsführung der Akademie:

Dr. E.-R. Look
Stilleweg 2
30655 Hannover   Tel.: 0511/6432487

Die Leistungstexte sind zu beziehen vom

Fachausschuß Tiefbau
Am Knie 6
81241 München   Tel.: 089/8897500

Weitere Vorschriften und Regeln für Arbeiten auf Altlasten sind zu beziehen vom

Carl-Heymanns-Verlag
Luxemburger Str. 449
51149 Köln   Tel.: 0221/460100

2.2 Sondierbohrungen

Das Abteufen von Sondierbohrungen ist ein technisch wenig aufwendiges Verfahren zur Eingrenzung und Beprobung von Verdachtsflächen.

Sondierungen und Sondierbohrungen
Im Unterschied zu Sondierungen, die als Feldversuche der Ermittlung von Kenngrößen des Baugrundes durch Einschlagen von Sonden ohne Probenahme dienen, werden Sondierbohrungen als einfache geologische Aufschlußmethode zur Gewinnung durchgehender, geringer Probenmengen benutzt. Der Widerstand beim Einschlagen der Sondierbohrgeräte liefert dabei zusätzlich einen qualitativen Hinweis auf die Festigkeit des Untergrundes. Beiden Verfahren ist gemeinsam, daß die Sonden in den Boden getrieben und anschließend wieder gezogen werden.

Die neue DIN 4021 (1990) vergrößert die häufig aufgetretene begriffliche Verwirrung, indem sie „Sondierbohrungen" durch „Kleinbohrungen" ersetzt, letztere jedoch als Bohrungen mit Durchmessern zwischen 30 und 80 mm definiert. Im folgenden wird der Begriff „Sondierbohrungen" für den Einsatz von Nutsonden (Schlitzsonden) und Kernsonden (Rammkernsonden) verwendet.

2.2.1 Anwendungsbereiche

Klassische Anwendungsbereiche für Sondierbohrungen sind die Verbreitungsgebiete der quartären Lockergesteine sowie die Verwitterungszonen über anstehenden Festgesteinen. Altablagerungen sind, von Sperrmüll, Bauschutt und ähnlichen Einlagerungen abgesehen, meist ähnlich ausgebildet und eignen sich deshalb zur Erkundung durch Sondierbohrungen. Nach Abschluß der geologischen Oberflächenerkundung gilt das Interesse zunächst dem Aufbau und der Zusammensetzung des oberflächennahen Untergrundes im Bereich der Altlastverdachtsfläche. Die Durchführung von Sondierbohrungen kann folgenden Zielen dienen:

- Erkundung der Ausdehnung der Altablagerung oder der Kontaminationsschwerpunkte des Altstandortes,
- Erkundung von Schichtfolge und Schichtmächtigkeit,
- Hinweis auf die Festigkeit des Untergrundes,
- Feststellung der Art der Altablagerung durch gezielte Probenahme und
- Einrichtung stationärer Sickerwassermeßstellen oder Beprobungsstellen für Bodenluftanalysen.

Geologische Aufschlußmethoden 69

Sondierbohrungen haben im Vergleich zu anderen Aufschlußmethoden folgende Nachteile:

- Der Aufschluß ist der direkten räumlichen Beobachtung nicht zugänglich.
- Die Probenmenge ist gering.
- Die Eindringtiefe ist auf wenige Meter begrenzt.
- Sie sind bei Hindernissen im Untergrund (Bauschutt, Fässer) nicht durchführbar.

2.2.2 Planung/Durchführung

Sondierbohrungen eignen sich für die Beprobung von bindigen und nichtbindigen Böden und Materialien mit deutlich geringeren Korndurchmessern als dem Innendurchmesser des verwendeten Sondierbohrgerätes. Sie liefern durchgehende gestörte Proben. Die Wahl des Verfahrens und die Dichte des Rasters hängen naturgemäß von der Aufgabenstellung ab. Sind am Probenmaterial Laborversuche vorgesehen, scheidet der Einsatz von Nutsonden häufig wegen der geringen Probenmenge pro Einsatz und Teufenintervall aus. Dagegen kann der Einsatz schwerer Kernsonden an der mangelnden Zugänglichkeit oder Standsicherheit des Geländes scheitern.

Wichtig für die spätere Auswertung ist die *Dokumentation* der räumlichen Lage der Sondierpunkte und sonstiger Beobachtungen (bei manuellem Einschlagen die Anzahl der benötigten Schläge pro Tiefeneinheit, ungewöhnlicher Widerstand in Tiefe x).

Nutsonden (Schlitzsonden) sind Stahlstangen von 22 - 32 mm Durchmesser und 1 - 2 m Länge, in die parallel zur Achse eine Nut (ein Schlitz) eingefräst ist (Abb. 32). Für tiefere Sondierbohrungen können nach Ziehen und Entleeren der Nutstange Verlängerungsstangen ohne Nut aufgeschraubt werden. Die Nutsonden werden entweder manuell durch Schläge mit einem schweren Plastikhammer auf den Schlagkopf oder mit einem Motor-Schlaghammer in den Boden getrieben. Dabei müssen sie mittels des Drehgriffes häufig gedreht werden, um das Bodenmaterial aus dem natürlichen Verband herauszuschälen, ohne das erbohrte Material unnötig zu verschleppen. Das Ziehen der Nutsonden erfolgt mit tragbaren mechanischen Hebelgeräten.

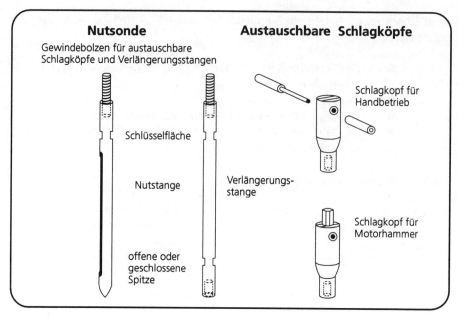

Abb. 32. Nutsonde mit Verlängerungsstange und austauschbaren Schlagköpfen

Kernsonden sind halboffene Kernrohre mit einer abschraubbaren ringförmigen Schneide am unteren sowie austauschbaren Schlagköpfen am oberen Ende (Abb. 33). Ihr Außendurchmesser beträgt 36 - 80 mm, die Kernlänge 1 - 2 m. Beim Eintreiben der Kernsonden mit Hilfe von Motor-Schlaghämmern wird aus dem Boden ein Kern gestanzt. In Abhängigkeit von den geologischen Verhältnissen und in Kombination mit den schlankeren Nutsonden zur Herabsetzung der Mantelreibung können Tiefen bis ca. 15 m erreicht werden. Das Ziehen der Kernsonden und des nachgesetzten Gestänges erfolgt mit Hebelgeräten von bis zu 6 t Zugkraft, neuerdings auch mit Hydraulikgeräten von bis 16 t Zugkraft. Diese bestehen aus zwei über hydraulische Stempel miteinander verbundenen Stahlringen, deren oberer einen dreiteiligen Abfangkeil trägt. Das dazugehörige Hydraulikaggregat ist als Schubkarre fahrbar montiert. Eine Kernfangfeder verhindert das Herausrieseln von rolligem Material beim Ziehen der Kernsonden. Kernsonden liefern gegenüber Nutsonden größere Bohrlochdurchmesser und mehr Probenmaterial und erlauben so eine bessere Ansprache des Bohrgutes.

Geologische Aufschlußmethoden

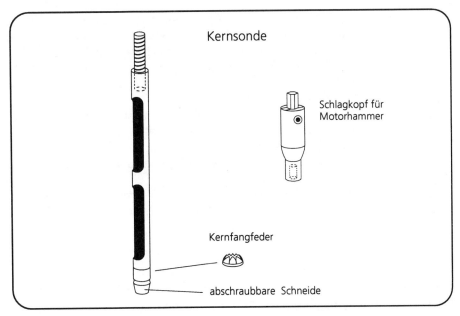

Abb. 33. Kernsonde mit Kernfangfeder und Schlagkopf für Motorhammer

Arbeitssicherheit
Die Probengewinnung durch Sondierbohrungen stellt häufig den ersten direkten Kontakt mit dem Deponiekörper und dessen durch Schadstoffaustrag kontaminierter Umgebung dar. Bei Nut- und Kernsondierungen fallen zwar nur geringe Mengen an kontaminiertem Material an und auch flüssige und gasförmige Stoffe treten an der Sondierstelle nur in geringen Mengen aus, jedoch besteht auch hier die Gefahr gesundheitlicher Schädigungen durch unsachgemäße Handhabung von Sonden und Probenmaterial. Je detaillierter die Vorerkundungen durchgeführt wurden, desto besser lassen sich Arbeitsschutzmaßnahmen planen:

- Vor dem Beginn der Sondierarbeiten ist der Verlauf eventuell vorhandener Ver- oder Entsorgungsleitungen festzustellen.
- Grundsätzlich ist mit Schutzausrüstung (Stiefel, Handschuhe, Schutzanzug, unter Umständen Atemschutz) zu arbeiten.
- Direkter Hautkontakt mit Arbeitsgerät und Probenmaterial ist zu vermeiden.
- Die Entnahme von Probenmaterial aus den Sonden hat zur Vermeidung von Schnittverletzungen durch die scharfkantigen Nuten mit einem Spatel oder Messer zu erfolgen.

- Die Sondierbohrarbeiten sind durch meßtechnische Überwachung zu begleiten. Werden die Sondierbohrungen nicht von der Deponieoberfläche, sondern aus bereits angelegten Schürfen durchgeführt, sind die angeführten Sicherheitsmaßnahmen zu beachten. Die Bohrlöcher sind gegebenenfalls wieder zu verschließen.
- Die benutzten Geräte und die Schutzausrüstung sind nach jedem Einsatz auf einer Verdachtsfläche gründlich (etwa mit Aceton) zu reinigen.
- Es ist auf ausreichende Standsicherheit zu achten.

Detaillierte Hinweise zu Schutzmaßnahmen im Zusammenhang mit Altlasten sowie Handlungsanleitungen nebst Richtwerten, Vorschriften, Regeln und Merkblättern geben Burmeier et al. (1995).

2.2.3 Auswertung

Profilaufnahme

Durch Sondierbohrungen erbohrte Profile müssen immer direkt nach dem Ziehen der Sonden vor der Entnahme des Probenmaterials aufgenommen werden. Kernsondierbohrungen erlauben wegen des größeren Probendurchmessers eine bessere Profilansprache. Oberflächliche Störung des Profils durch Nachfall im Sondierloch oder Verschleppung beim Einschlagen und Ziehen der Sonden lassen sich entfernen, indem man das Material in der offenen Nut der Sonden mit einem dünnen gespannten Draht abzieht oder sogar nur das Innere des gewonnenen Probenmaterials für Analysen verwendet und den Rest verwirft. Die Profile sind unter Verwendung des „Symbolschlüssels Geologie" und des Schichtenerfassungsprogramms *SEP*, herausgegeben vom Niedersächsischen Landesamt für Bodenforschung und der Bundesanstalt für Geowissenschaften und Rohstoffe in Hannover, aufzunehmen.

Probenahme

Sofern es die Probenmenge erlaubt, sollten für später erforderliche Wiederholungsmessungen Rückstellproben genommen und archiviert werden.

Je nach Bedarf können punktuelle *Feststoffproben* aus bestimmten Horizonten oder repräsentative Mischproben aus unterschiedlichen Tiefenintervallen entnommen werden. In jedem Fall sind für die räumliche Auswertung die Entnahmetiefen/Entnahmeintervalle der Proben aus dem Profil festzuhalten. Zur Probenahme gestörter fester Proben sei an dieser Stelle auf Kap. 1.7.2.3 des Altlastenhandbuchs verwiesen.

Bis ins Grund- oder Sickerwasser reichende Sondierbohrungen lassen sich zu Meßstellen ausbauen. Der Bau solcher Grund- und Sickerwassermeßstellen wird in Kap. 3 erläutert. Auf die Beprobung von *Wässern* wird in Kap. 1.7.1, auf die Analytik in Kap. 1.8.1 des Altlastenhandbuchs eingegangen.

Geologische Aufschlußmethoden 73

Die Vor-Ort-Untersuchung von *Bodenluft und Deponiegasen* in Sondierbohrlöchern wird in Kap. 1.8.3.1 des Altlastenhandbuchs behandelt.

2.2.4 Fehlerquellen

Grundsätzlich erlauben beide angesprochenen Sondierbohrverfahren bis in den Zentimeterbereich genaue Profilaufnahmen und Probenahmen. Die Genauigkeit von Profilaufnahme und Beprobung ist weniger vom Sondeninnendurchmesser als vom Probenmaterial und dessen Verformbarkeit sowie der Sorgfalt beim Einschlagen und Ziehen der Sonden abhängig:

- Zu heftiges Einschlagen und Ziehen der Sonden ohne Drehen führt zur Stauchung oder Verschleppung von Material.
- Beim Ziehen von Sonden zum Entleeren und Nachsetzten von Verlängerungsstangen besteht die Gefahr von Materialverschleppung und Nachfall im bereits bestehenden Sondierbohrloch.
- Dringen beim Einschlagen Steine oder ähnlich grobes Material in die Sonden ein, kann es zu Blockaden in den Sonden und damit Stauchungen oder sogar Kernverlust kommen.
- Bei rolligem Material besteht die Gefahr von Kernverlust durch Herausfallen von Probenmaterial beim Ziehen der Sonden.

2.2.5 Qualitätssicherung

Qualitätssicherung muß bereits in der Planungsphase von Sondierbohrungen auf Altlastverdachtsflächen beginnen:

- Durch sorgfältige historische Recherchen lassen sich Informationen über zu erwartende Inhaltsstoffe und ihr Gefährdungspotential, ihren Lagerungsort und besondere Vorkommnisse (Brände, Sickerwasseraustritte) ermitteln.
- Sorgfältige multitemporale Auswertungen von Kartenmaterial und Luftbildern ermöglichen die Lokalisierung und Eingrenzung von Verdachtsflächen, die Ermittlung ihrer geschichtlichen Entwicklung und Aussagen über die geologischen und hydrogeologischen Verhältnisse des Untergrundes und somit die gezielte Durchführung von Sondierbohrungen.
- Praktische Hilfe bei der schwierigen Formulierung von Leistungsbeschreibungen für Bauleistungen im Bereich von Altablagerungen und Altstandorten bieten die in der Form von Textvorschlägen gehaltenen „Leistungstexte".

- Was den Arbeits- und Emissionsschutz angeht, sind bei der Erkundung von Altablagerungen und der Sanierung von Altlasten neben den genannten technischen Vorschriften eine Vielzahl neuer Gesetze und Verordnungen zu beachten, mit deren richtiger Anwendung alle an einer solchen Maßnahme Beteiligten verständlicherweise noch Probleme haben. Es sei an dieser Stelle nochmals auf den von Burmeier et al. (1995) verfaßten Leitfaden hingewiesen.
- Bei der Planung und Durchführung von Sondierbohrungen sind die Vorschriften zur Arbeitssicherheit und Dokumentation sowie die Anweisungen zur Profilaufnahme und Probenahme zu beachten.
- Nicht zuletzt haben ständige sicherheits- und meßtechnische sowie wissenschaftliche Begleitung der Sondierbohrarbeiten, Aufnahme und Auswertung durch erfahrenes Personal zu erfolgen, um optimale Ergebnisse zu erzielen. Diesem Ziel dient auch die Unterrichtung aller an der Baumaßnahme beteiligten Personen über die Ziele des Projektes und mögliche Gefahren.

2.2.6 Zeitaufwand

Der Zeitaufwand für die Durchführung von Sondierbohrungen läßt sich nicht pauschal angeben. Er ist von einer Reihe von Faktoren abhängig:

- Die Anzahl und die Tiefe der Sondierbohrungen werden von der Problemstellung vorgegeben. Der Zeitaufwand für das Abteufen jeder einzelnen Sondierbohrung hängt von der Beschaffenheit des Bodens ab. Werden Hindernisse angetroffen, muß die Sondierbohrung unter Umständen an anderer Stelle wiederholt werden.
- Weitere zeitbestimmende Faktoren sind Zugänglichkeit und Standsicherheit des Geländes.
- Natürlich hängt der Zeitaufwand auch von der Wahl des Gerätes ab: Das manuelle Einschlagen von Nutsonden mit dem Hammer ist zeitaufwendiger als der Einsatz eines Motor-Schlaghammers. Das Ziehen der Nutsonden geschieht dagegen in beiden Fällen manuell. Bei Verwendung von Kernsonden ist der Zeitaufwand für An- und Abtransport sowie Umsetzen auf der Baustelle einzurechnen.

Geologische Aufschlußmethoden

- Erheblichen Einfluß auf den Zeitbedarf für die Durchführung von Sondierbohrungen und den damit verbundenen sicherheitstechnischen Aufwand hat das Gefährdungspotential der Altablagerung selbst. Dieses ist trotz sorgfältigster Vorbereitung nicht mit Sicherheit vorauszusagen, was die Planung generell problematisch macht. So wird die Vorgehensweise nicht selten von den angetroffenen Verhältnissen bestimmt, was im Extremfall zur völligen Abkehr von der ursprünglichen Planung führen kann. Grundsätzlich verringert Vollschutz des Personals das Arbeitstempo.

2.2.7 Kosten

Die Kosten für das Abteufen von Sondierbohrungen lassen sich ebensowenig pauschal beziffern wie der Zeitbedarf, da sie im wesentlichen von den selben unwägbaren Faktoren (Anzahl und Tiefe der Sondierbohrungen, Wahl des Gerätes, Zusammensetzung der Altablagerung, sicherheitstechnischer Aufwand) abhängen.

2.2.8 Bezugsquellen

Potentielle Auftragnehmer für das Abteufen von Sondierbohrungen sind grundsätzlich alle Ingenieurbüros. Da das bewußte Arbeiten in kontaminierten Bereichen unter Einhaltung der Arbeitsschutzmaßnahmen für viele Unternehmen noch das Betreten von Neuland bedeutet, sollten bei der Ausschreibung der Leistungen solche Firmen bevorzugt berücksichtigt werden, die nachweislich Erfahrungen auf diesem Gebiet anführen können und über im Umgang mit Schutzausrüstung und Meßgeräten geübtes Personal verfügen.

Adressen geowissenschaftlicher und geotechnischer Institutionen und Firmen finden sich in der Broschüre „Geopotential in Niedersachsen", herausgegeben von der Niedersächsischen Akademie der Geowissenschaften in Hannover. Dieser Wegweiser ist kostenlos erhältlich bei der Geschäftsführung der Akademie:

Dr. E.-R. Look
Stilleweg 2
30655 Hannover   Tel.: 0511/6432487

Die Leistungstexte sind zu beziehen vom

Fachausschuß Tiefbau
Am Knie 6
81241 München   Tel.: 089/8897500

Weitere Vorschriften und Regeln für Arbeiten auf Altlasten sind zu beziehen vom

Carl-Heymanns-Verlag
Luxemburger Str. 449
51149 Köln   Tel.: 0221/460100

Geologische Aufschlußmethoden

2.3 Bohrungen

Bohrungen sind im Vergleich mit Schürfen und Sondierbohrungen die aufwendigsten geologischen Aufschlußmethoden zur Erkundung des Untergrundes und zur Gewinnung von Proben. Allgemeine Darstellungen zur Bohrtechnik finden sich in Arnold (1993) und Hatzsch (1991). In diesem Kapitel soll auf die Anwendungsmöglichkeiten der gängigen Bohrverfahren im Bereich von Altablagerungen und Altstandorten eingegangen werden. Aktuelle Hinweise dazu gibt Homrighausen (1993).

Bohrungen oder *Bohrlöcher* sind kreisrunde Aufschlüsse in Locker- und Festgesteinen, deren Durchmesser vom Durchmesser des verwendeten Bohrwerkzeugs bestimmt werden. Die Art der Bohrlocherzeugung und die Förderung des Bohrgutes (Lockergestein oder zerstörtes Festgestein) hängen vom Bohrverfahren ab.

Nach §§ 50, 127 Bundesberggesetz, § 4 Lagerstättengesetz und § 138 Niedersächsisches Wassergesetz sind Bohrvorhaben anzeigepflichtig (s. Kap. „Vorschriften").

Während zur Erzeugung eines Bohrloches üblicherweise das gesamte vom Werkzeugdurchmesser vorgegebene Gesteinsvolumen zerstört und als mehr oder weniger gestörtes Probenmaterial gefördert wird, lassen sich durch den Einsatz spezieller *Kernbohrsysteme*, die nur einen röhrenförmigen Ringspalt um eine zentrale Säule im Gestein erzeugen, ungestörte Gesteinskörper, sogenannte Bohrkerne gewinnen. Diese Bohrkerne sind nicht mit dem Bohrgut zu verwechseln. Sie werden generell durch Bergung des gefüllten Kernrohres zutage gefördert.

Trockenbohrverfahren sind die ältesten aller Bohrverfahren. Sie sind dadurch gekennzeichnet, daß das erbohrte Material (Bohrgut) periodisch mit dem Bohrwerkzeug zutage gefördert wird, ohne daß eine Bohrspülung im Bohrloch zirkuliert.

Seit die technische Entwicklung die Produktion von Hochdruckpumpen, Hochdruckschläuchen und hochfestem Bohrgestänge mit dichten Gewinden erlaubt, besteht die Wahlmöglichkeit zwischen Trocken- und *Spülbohrverfahren*. Bei den Spülbohrverfahren wird das Bohrgut mittels eines Spülungsstromes kontinuierlich ohne Ausbau des Bohrgerätes zutage gefördert. Die Hauptaufgaben der sind:

- Reinigung der Bohrlochsohle und Austrag des Bohrguts/Bohrkleins aus dem Bohrloch,
- Kühlung und Schmierung von Bohrwerkzeug und Bohrstrang sowie
- Stabilisierung der Bohrlochwand durch Gegendruck gegen den Gebirgsdruck („flüssige Verrohrung").

Von Spülbohrverfahren wird auch dann gesprochen, wenn das Spülungsmedium Luft ist.

Zur Erledigung dieser Aufgaben wird die Spülung normalerweise *(Normalspülung, direkte Spülung)* aus Tanks „rechtsherum" in den Bohrstrang gepumpt, tritt am Werkzeug aus und steigt im Ringraum zwischen Bohrstrang und Bohrlochwand (in verrohrten Bohrlochabschnitten zwischen Bohrstrang und Verrohrung) wieder auf und wird (nach Abscheiden der transportierten Feststoffe) zurück in die Tanks geleitet.

In Sonderfällen wird die Bohrlochsohle besser gereinigt, wenn die Spülung in umgekehrter Richtung „linksherum" im Ringraum nach unten *(Umkehrspülung, indirekte Spülung)* und im Bohrstrang aufwärts zirkuliert wird.

Im Vergleich mit Tiefbohrungen findet die vorhandene komplizierte Meß-, Aufzeichnungs- und Speichertechnik für Daten von Bohr- und Spülungsparametern bei Flachbohrungen noch viel zu wenig Verwendung, was sicher durch den vergleichsweise hohen Aufwand und geringen Nutzen begründet ist. Für eine Optimierung des Bohrprozesses, besonders aber zur Gewinnung geologischer Informationen, ist der Einsatz dieser *Bohrprozeßmeßtechnik* Voraussetzung. Sie wird folgendes bewirken:

- Besser ausgebildetes Personal durch meßtechnische Begleitung des Bohrprozesses und damit bessere bohrtechnische und wissenschaftliche Ergebnisse,
- geringere Betriebskosten, Vermeidung von Schäden und Havarien durch besseren Ausbildungsstand des Bohrpersonals,
- Reduzierung des Personalbedarfs und der unproduktiven Nicht-Bohrzeiten durch stärkere Mechanisierung und Automatisierung des Bohrprozesses sowie
- weniger körperlich schwere Arbeit, Verletzungsgefahr, Lärmbelästigung und Umweltverschmutzung durch verstärkt mechanisierte und automatisierte, leichter transportierbare und flexibler einsetzbare Bohrgeräte und Bohranlagen.

2.3.1 Anwendungsbereiche

Die klassischen Anwendungsbereiche für die *Trockenbohrverfahren* waren die Verbreitungsgebiete der quartären Lockergesteine sowie die Verwitterungszonen über anstehenden Festgesteinen, bis in geringe Tiefen aber auch Festgesteine. Die ursprünglich der Erkundung und Ausbeutung von Lagerstätten dienenden Trockenbohrverfahren werden heute vorwiegend bei Baugrunduntersuchungen, bei der Grundwassererschließung und im Umweltschutz eingesetzt. Sie werden auch heute noch unter folgenden Bedingungen angewandt:

- Die Tiefe des Bohrloches soll nur wenige Meter betragen.

Geologische Aufschlußmethoden

- Das für die Bohrspülung benötigte Wasser steht nicht zur Verfügung.
- Der zu erbohrende Untergrund läßt aufgrund hoher Durchlässigkeiten hohe Spülungsverluste erwarten.
- Der zu durchbohrende Untergrund und das zu gewinnende Probenmaterial sollen nicht durch Kontakt mit der Spülung verändert oder gar kontaminiert werden.

Bohrungen in Lockergesteinen müssen wegen der mangelhaften Standfestigkeit des Gebirges regelmäßig durch Verrohrungen gesichert werden. Die Rohrtouren können nach Fertigstellung der Bohrungen vor deren Verfüllung wieder geborgen werden.

Spülbohrverfahren sind in allen Gesteinen und bis in große Tiefen einsetzbar und haben sich deshalb seit ihrer Einführung zu Beginn des 20. Jahrhunderts zu den am weitesten verbreiteten Bohrverfahren entwickelt.

In bezug auf Altablagerungen und Altstandorte kann die Durchführung von Bohrungen folgenden Zielen dienen:

- Erkundung der Ausdehnung der Altablagerung,
- Erkundung von Schichtfolge und Schichtmächtigkeit,
- Erkundung der Festigkeit des Untergrundes,
- Feststellung der Art der Altablagerung durch gezielte Probenahme,
- Einrichtung stationärer Grund- und Sickerwassermeßstellen oder Beprobungsstellen für Bodenluftanalysen sowie
- Erstellen von Bohrungen für seismische Untersuchungen.

Bohrungen haben im Vergleich zu Schürfen den Nachteil, daß sie der direkten räumlichen Beobachtung normalerweise nicht zugänglich sind. Gegenüber Sondierbohrungen haben sie bei höherem Aufwand deutliche Vorteile:

- Bohrungen können in jedem Gestein abgeteuft werden.
- Bohrungen können große Tiefen erschließen.
- Bohrungen können große Probenmengen erbringen.
- Hindernisse im Untergrund (Bauschutt, Fässer) sind für einige Bohrverfahren kein Problem.

2.3.2 Bohrverfahren

Die heute zur Verfügung stehenden Bohrverfahren und Bohrgeräte sowie deren technischer Entwicklungsstand erlauben es, nahezu jede Anforderung an eine Bohrung zur Erkundung des Untergrundes und zur Gewinnung von Probenmaterial zu erfüllen. Wichtig ist dabei, das Verfahren und das Gerät dem jeweiligen Problemfall angemessen auszuwählen, um die gesteckten Ziele mit vertretbarem zeitlichen und finanziellen Aufwand zu erreichen. Als Hilfe zu einer angemessenen Auswahl sollen in diesem Kapitel die wichtigsten Bohrverfahren, Bohrgeräte und Bohrwerkzeuge sowie deren Einsatzmöglichkeiten erläutert werden.

Die unterschiedlichen Bohrverfahren werden im folgenden nach der Art der Bohrlocherzeugung unterschieden und beschrieben; es sind dies:

- Greiferbohrungen,
- Schlagbohrungen,
- Rammbohrungen,
- Drehbohrungen,
- Schlagdrehbohrungen und
- Verdrängungsbohrungen.

Tabelle 2 gibt eine Übersicht über die wichtigsten Bohrverfahren und Bohrwerkzeuge, die in den folgenden Kapiteln beschrieben werden.

Tabelle 2. Übersicht über die wichtigsten beschriebenen Bohrverfahren und Bohrwerkzeuge

Bohrverfahren	Werkzeug	Aufhängung	Probenart	Förderung
Greiferbohrung	Bohrlochgreifer	Seil	Bohrklein	Trocken
Schlagbohrung	Ventilbohrer	Seil	Bohrklein	Trocken
	Schlagschappe	Seil	Bohrklein	Trocken
Rammbohrung	Kernrohr mit Schneidschuh	Seil	Kern	Trocken
Drehbohrung	Drehschappe	Gestänge	Bohrklein	Trocken
	Schneckenbohrer	Gestänge	Bohrklein	Trocken
	Spiralbohrer	Gestänge	Bohrklein	Trocken
	Hohlbohrschnecke	Gestänge	Kern	Trocken
	Bohrmeißel	Gestänge	Bohrklein	Direkt spülend
	Kernrohr mit Kernkrone	Gestänge	Kern	Direkt spülend
	Bohrer	Gestänge	Bohrklein	Indirekt spülend (Lufthebeverfahren)
Schlagdrehbohrung	Bohrmeißel	Gestänge	Bohrklein	Direkt spülend
Verdrängungsbohrung	Bohrspitze	Gestänge		

Geologische Aufschlußmethoden 81

2.3.2.1 Greiferbohrungen

Greiferbohrverfahren gehören zu den *Trockenbohrverfahren ohne Kerngewinn*. Greiferbohrungen werden mit Bohrlochgreifern (Zwei- bis Sechsschalengreifer mit Hartmetallbesatz) mit Durchmessern von 400 - 2.000 mm und entsprechender Masse am Seil von Bohrwinden durchgeführt, die über eine Freifalleinrichtung verfügen sollten. Die Greifer fallen offen ins Bohrloch, dringen in die Bohrlochsohle ein, schließen sich beim Anheben und halten so das Bohrgut fest. Zur besseren Füllung sind manche Greifertypen mit einem Mechanismus versehen, der sie auf der Bohrlochsohle mehrfach abhebt und so noch tiefer eindringen läßt.

Das Verfahren liefert teufengerechte, gestörte Proben in ausreichender Menge. Es wird für Aufschlüsse in Sanden und Kiesen über und unter dem Grundwasserspiegel und dort eingesetzt, wo mit Hindernissen (Bauschutt, Sperrgut) zu rechnen ist. Die Kontrolle der Bohrlochtiefe erfolgt über die Kontrolle der Seillänge. Technisch sind Tiefen bis 200 m erreichbar.

2.3.2.2 Schlagbohrungen

Schlagbohrverfahren gehören zu den Trockenbohrverfahren ohne Kerngewinn. Man unterscheidet

- Schlagbohrungen mit Ventilbohrer und
- Schlagbohrungen mit Schlagschappe.

Ventilbohrer (*Schlammbüchse* und *Kiespumpe*, Abb. 34 a, b) sind oben geschlossene Rohrkörper mit einer oder mehreren Ventilklappen am Boden. Sie werden am Seil von Bohrwinden mit Freifalleinrichtung durch wiederholtes Anheben und Fallenlassen in den Boden getrieben und füllen sich dabei: Beim Fallen dringt Material ein, beim Anheben verhindert die Ventilklappe das Herausfallen. Wasser kann dagegen ungehindert abfließen.

Bei der Kiespumpe soll die Sogwirkung eines zusätzlichen Kolbens das Befüllen des Rohrkörpers unterstützen. Da dieses Wirkungsprinzip nicht unumstritten ist, wird die Kiespumpe seltener eingesetzt als die Schlammbüchse.

Ventilbohrer liefern unvollständige gestörte Proben. Sie werden ausschließlich zur Förderung von Sand und Kies unter Wasser eingesetzt. Erreichbare Bohrlochdurchmesser schwanken zwischen 168 und 1.000 mm. Die Kontrolle der Bohrlochtiefe erfolgt über die Kontrolle der Seillänge. Es sind Tiefen bis über 100 m erreichbar.

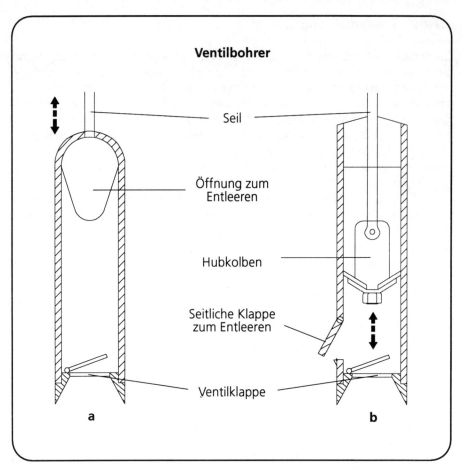

Abb. 34. Ventilbohrer: **a** Schlammbüchse und **b** Kiespumpe

Schlagschappen (Abb. 35) sind oben geschlossene Rohrkörper mit einer ringförmigen Schneide am Boden. Sie werden durch wiederholtes Anheben und Fallenlassen am Seil von Bohrwinden mit Freifalleinrichtung in den Boden getrieben und gefüllt.

Schlagschappen liefern durchgehende, gestörte Proben. Sie finden bei Aufschlüssen in Schluffen oberhalb des Wasserspiegels sowie in Tonen oberhalb und unterhalb des Wasserspiegels Verwendung. Die Bohrlochdurchmesser schwanken zwischen 168 und 500 mm. Die Kontrolle der Bohrlochtiefe erfolgt über die Kontrolle der Seillänge. Es sind Tiefen bis 300 m erreichbar.

Geologische Aufschlußmethoden

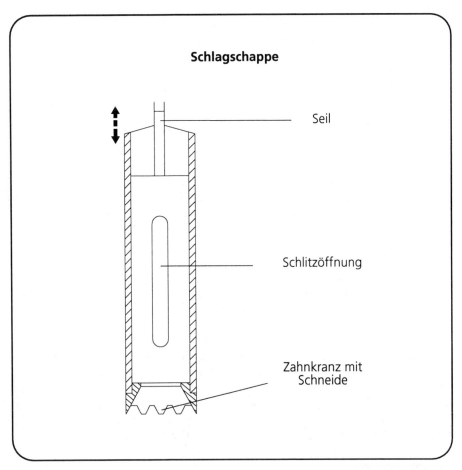

Abb. 35.   Schlagschappe

2.3.2.3 Rammbohrungen, Rammkernbohrungen

Rammbohrverfahren gehören zu den Trockenbohrverfahren mit Kerngewinn. Sie werden mit geschlitzten Rammkernrohren mit aufschraubbaren konischen Schneidschuhen und Kernfangfedern durchgeführt. Die Kernrohre von 1 m Länge werden mit einem manuell geführten Schlaghammer (Imloch-Preßlufthammer) mit Antrieb durch einen Verbrennungsmotor oder ein Fallgewicht (Rammbär) in den Boden gerammt. Da der Preßlufthammer Schmierung benötigt, wird er von Auftraggebern als Antrieb häufig nicht mehr akzeptiert.

Für Rammbohrungen tiefer als 2 m werden aus den folgenden Komponenten bestehende Rammkernrohre (von unten nach oben) eingesetzt:

- Austauschbarer konischer Schneidschuh mit Kernfangfeder,
- Kernrohr mit Innenkernrohr aus PVC und
- austauschbarer Schlagkopf (Amboß) mit Fangvorrichtung für Seilkupplung.

Das Kernrohr wird mit einer Bohrwinde mit Freifalleinrichtung an einem Stahlseil auf die Bohrlochsohle abgelassen und entkuppelt. Im nächsten Arbeitsgang wird es mit einem am Seil hängenden Fallgewicht (gängige Gewichte sind 300, 500 und 1.200 kg) eingerammt (Abb. 36 a). Der Amboß dient hierbei dem Schutz der Fangvorrichtung für die Seilkupplung. Der Widerstand beim Einrammen der Rammkernrohre durch Auftragen der Schlagzahl gegen die Tiefe (Rammdiagramm) gibt einen zusätzlichen qualitativen Hinweis auf die Festigkeit des Untergrundes. Vor dem Ziehen des gefüllten Kernrohres wird das Bohrloch durch Nachführen einer Verrohrung mit einer Verrohrungsmaschine gesichert (Abb. 36 b). Zuletzt wird das Kernrohr per Seil und Kupplung gezogen (Abb. 36 c), das Innenkernrohr entnommen und das Kernrohr wieder ins Bohrloch eingebaut.

Die Bohrlochdurchmesser von Rammbohrungen in Tonen und sandig-kiesigen Böden ohne grobe Einlagerungen schwanken zwischen 80 und 300 mm, die Kerndurchmesser zwischen 63,5 und 101 mm. Selten verwendete durchsichtige PVC-Innenkernrohre erlauben eine erste Gesteinsansprache ohne Entnahme des Kerns; das spröde Material dieser Innenkernrohre neigt jedoch zum Brechen. Die Kontrolle der Bohrlochtiefe erfolgt über die Länge der Überbohrrohre. Das Verfahren ist bis in Tiefen von 300 m wirtschaftlich.

Drehbohrungen
Drehbohrungen werden mit speziellen mobilen Bohrgeräten oder stationären Bohranlagen mit Bohrgestänge durchgeführt. Die Kontrolle der Bohrlochtiefe erfolgt jeweils über die Kontrolle der Bohrstranglänge. Man unterscheidet

- trockene Drehbohrungen und
- spülende Drehbohrungen.

Beide Verfahren erlauben die Gewinnung von Kernen.

Geologische Aufschlußmethoden

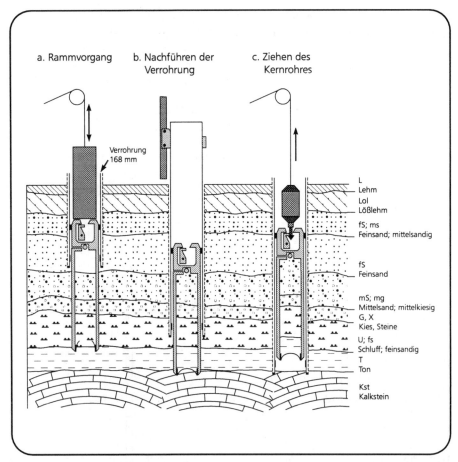

Abb. 36. Arbeitsschritte beim Rammkernverfahren. (Nach Homrighausen 1993)

2.3.2.4 Trockene Drehbohrungen

2.3.2.4.1 Trockene Drehbohrungen ohne Kerngewinn

Als Bohrwerkzeuge kommen bei diesen Verfahren Drehschappen, Schneckenbohrer oder Spiralbohrer zum Einsatz. Sie sind für Aufschlüsse in nahezu allen Böden oberhalb und unterhalb des Wasserspiegels und für Bohrlochdurchmesser von 150 - 900 mm geeignet.

Drehschappen (Abb. 37) sind geschlitzte oder ungeschlitzte Rohrkörper, deren unterer Teil als löffelförmige Schneide oder als Spirale ausgebildet ist. Einige Bauarten für den Einsatz in bindigen Böden lassen sich zur leichteren Entleerung aufklappen. Gängige Verrohrungsdurchmesser sind 216, 268, 323 und

419 mm; die dazugehörigen Werkzeugdurchmesser sind geringfügig niedriger. Eine Sonderform der Drehschappe ist der Kübelbohrer. Es handelt sich hier um einen geschlossenen Rohrkörper mit einer Schneide, die Material von der Bohrlochsohle schält und durch einen Schlitz in sein Inneres fördert. Drehschappen liefern durchgehende, stark gestörte Proben in Tonen und Sanden bis 200 m Tiefe.

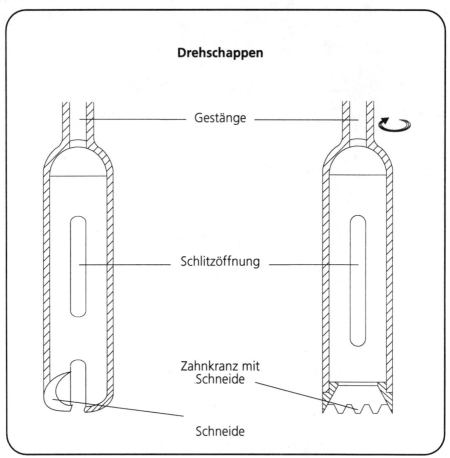

Abb. 37. Drehschappen

Schneckenbohrer sind Bohrwerkzeuge mit mehreren aufgeschweißten Schnekkengängen zur Förderung des Bohrgutes, einer Schneide mit Hartmetallvergütung und einer Führungsspirale (Abb. 38 a). Einige Bauarten sind zur leichteren Entleerung mit einem Klappmechanismus versehen. Schneckenbohrer werden in mittelhartem Gestein mit Durchmessern von 150 - 600 mm, in weichem Gestein bis 900 mm, vereinzelt auch größer, eingesetzt. Schneckenbohrer finden häufig dort Verwendung, wo in bindigen Böden mit Einlagerungen von Kies oder anderem groben Material zu rechnen ist. Sie sind bis in Tiefen von 40 m oberhalb des Grundwassers und bedingt auch unter Wasser einsetzbar, erfordern allerdings Bohrgeräte, die erhebliche Drehmomente aufbringen müssen. Die Einsatztiefe wird durch die maximale Länge der bis zu vierfach teleskopierbaren (ausfahrbaren) großkalibrigen Kellystange (s. Kap. „Bohrgeräte und Bohranlagen") begrenzt, wobei das nutzbare Drehmoment mit abnehmendem Durchmesser der Kelly ebenfalls abnimmt. Schneckenbohrer liefern teufengerechte, gestörte Proben. Es ist zu beachten, daß das Probenmaterial am Umfang des Schneckenbohrers beim Ausbau Kontakt mit der Bohrlochwand hat.

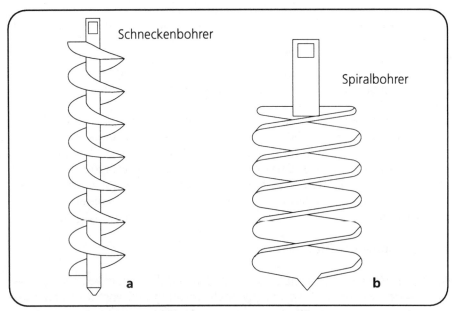

Abb. 38. **a** Schneckenbohrer und **b** Spiralbohrer

Spiralbohrer sind spiralförmig geschmiedete, mit einer Führungsspitze versehene Bohrwerkzeuge mit Durchmessern von 150 - 800 mm (Abb. 38 b) für zähe Böden und Tiefen bis etwa 40 m. Mit Spiralbohrern gebohrte Löcher müssen häufig mit Drehschappen nachgebohrt werden. Seit es mit Spiralen versehene Drehschappen gibt, kommen Spiralbohrer seltener zum Einsatz.

2.3.2.4.2 Trockene Drehbohrungen mit Kerngewinn

Zum Kernen bindiger und nicht bindiger Lockergesteine mit Bohrlochdurchmessern von 180 - 280 mm eignen sich *Hohlbohrschnecken*. Es handelt sich hierbei um spezielle Kernrohre mit außenliegender Schnecke, Innenkernrohren aus

Stahl oder PVC mit Kernfangfeder und einer Kernkrone (s. Kap. „Kernbohren") als Bohrwerkzeug. Die Schnecke schraubt sich durch die Drehbewegung des Bohrstrangs in den Boden, die Wendel fördert das Bohrgut, die Kernkrone erzeugt den Bohrkern (Durchmesser 63,5 - 101 mm), der vom Innenkernrohr aufgenommen und von der Kernfangfeder gehalten wird (Abb. 39 a). Das gefüllte Innenkernrohr wird über ein Seil mit Kupplungsmechanismus zutage gefördert, ein neues Innenkernrohr eingehängt und verriegelt (Abb. 39 b). Die Hohlbohrschnecke verbleibt so ohne zeitaufwendige Gestängeaus- und -einbauten bis zum Erreichen der Endtiefe der Bohrung im Bohrloch und sichert dieses zusätzlich gegen Einsturz. Ein weiterer Vorteil dieses Verfahrens ist die Möglichkeit, durch den Bohrstrang hindurch Sonderproben von der Bohrlochsohle zu gewinnen.

Hohlbohrschnecken liefern in lockeren wie bindigen Böden teufengenaue Bohrkerne hoher Qualität ohne Beeinflussung durch Spülung. Das Verfahren verzichtet einerseits auf den Aufwand eines Spülungszirkulationssystems, andererseits auf die kühlende und schmierende Wirkung der Spülung; es erfordert daher drehmomentstarke und schwere Bohrgeräte. Erreichbare Tiefen liegen bei max. 30 m.

Einfachkernrohre (einfache glatte Kernrohre) mit Kernkronen für Bohrlochdurchmesser von 63,5 - 150 mm erzeugen Bohrkerne in bindigen Lockergesteinen durch Belastung des rotierenden Kernrohres. Ihr Einsatz beschränkt sich allerdings auf den obersten Bereich eines Bohrloches zur Erzeugung eines Führungsloches für weiterführende Verfahren. Deshalb kann im Zusammenhang mit Einfachkernrohren kaum von einem eigenständigen Bohrverfahren gesprochen werden.

2.3.2.5 Spülende Drehbohrungen

Bei diesen Verfahren handelt es sich mit den verschiedenen *Rotationsspülverfahren oder Rotaryverfahren* (mit direktem Spülungsfluß von wasserbasischer Spülung oder Luft) um die am weitesten verbreiteten Bohrverfahren in der Bohrtechnik überhaupt. Sie sind in nahezu allen Gesteinen und bis in große Tiefen einsetzbar. Der Begriff „Rotaryverfahren" bezeichnete ursprünglich eine Bohrtechnik, bei der der Antrieb des Bohrstranges durch den Drehtisch (Rotary Table) erfolgte, wird heute aber für nahezu alle drehenden Bohrverfahren verwendet. Sie werden in den folgenden Kap. „Bohrgeräte und Bohranlagen", „Bohrstränge" und „Kernbohren" beschrieben.

Geologische Aufschlußmethoden

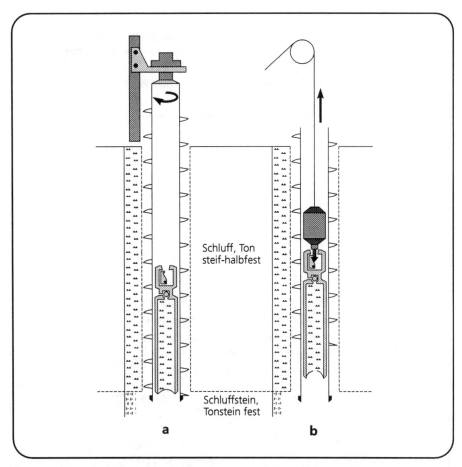

Abb. 39. Kernbohren mit der Hohlbohrschnecke. (Nach Homrighausen 1993)

2.3.2.5.1 Bohrgeräte und Bohranlagen

Trotz unterschiedlichster Anforderungen an Bohrgeräte und -anlagen sind diese in ihren Grundkomponenten recht ähnlich. Diese Grundkomponenten dienen den 3 Hauptfunktionen von Bohrgeräten und -anlagen:

- Heben und Senken des Bohrstranges,
- Drehen des Bohrstranges und
- Zirkulieren der Bohrspülung (bei Spülbohrverfahren).

Bohrgeräte

Leichte bis schwere Bohrgeräte sind als mobile Bohrgeräte (Abb. 40) auf transportablen oder fahrbaren Untersätzen (Schlitten, Anhänger, Kettenfahrzeug, leichter bis schwerer LKW) montiert. Sie verfügen über eine aufstellbare Lafette, an der der Antrieb des Bohrgestänges in vertikaler Richtung bewegt werden kann.

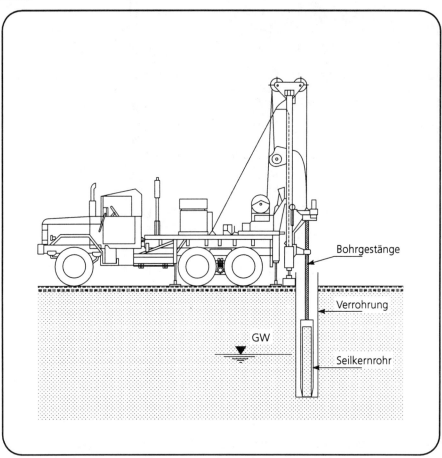

Abb. 40. Auf LKW montiertes Bohrgerät

Dieser hydraulische oder elektrische *Kraftdrehkopf* (Power Swivel, Top Drive, Spinner) wird über ein eigenes Aggregat oder den Motor des Fahrzeugs mit Energie versorgt und dreht den Bohrstrang und über diesen das Bohrwerkzeug im Uhrzeigersinn. Die Belastung des Bohrwerkzeugs erfolgt über den Vorschub des Kraftdrehkopfes oder das Stranggewicht. Die Bohrparameter *Drehzahl* (Revolutions per Minute, RPM), *Werkzeugbelastung* (Weight on Bit, WOB) und

Geologische Aufschlußmethoden

Drehmoment (Torque) sowie der *Bohrfortschritt* (Rate of Penetration, ROP) hängen vom Gestein und vom verwendeten Bohrwerkzeug ab.

Bei den *Spülbohrverfahren* dient der Bohrstrang neben seiner Funktion als Antriebswelle für das Bohrwerkzeug noch als Rohrleitungssystem für die *Bohrspülung*. Diese wird aus Tanks über den Kraftdrehkopf in den Bohrstrang gepumpt, tritt am Bohrwerkzeug aus, steigt im Ringraum wieder auf und wird nach Abscheiden der transportierten *Feststoffe* in Absetzrinnen oder Senkkästen zurück in die Tanks geleitet. Wichtige Bohrparameter sind die *Pumprate* (Pump Rate, häufig indirekt angegeben in Hüben pro Minute = Strokes per Minute, SPM) und der *Pumpendruck* (Pump Pressure, PP). Die Beobachtung des *Spülungsvolumens* über die Spiegelhöhe im Tanksystem (Pit Level) erlaubt Rückschlüsse auf die hydraulischen Verhältnisse im Bohrloch (*Spülungsverluste* oder *Zuflüsse*). Charakteristische Spülungsparameter sind das *Spülungsgewicht* (Mud Weight, MW), die *Viskosität* (Funnel Viscosity, FV), die *Gelstärke* (Gel Strength, GEL) und der *pH-Wert* der Spülung (s. Kap. „Spülung").

Hat der Kraftdrehkopf beim Bohren seine tiefstmögliche Position erreicht, muß der Bohrvorgang zum Nachsetzen einer Stange unterbrochen werden: Der Bohrstrang wird von der Bohrlochsohle gefahren, die Spülungszirkulation eingestellt, die oberste Gestängeverbindung gebrochen, die Reservestange eingefügt und verschraubt, die Zirkulation wieder aufgenommen und die Bohrlochsohle angefahren. Die Bohrung kann nun um die Länge der nachgesetzten Stange vertieft werden.

Zum Wechseln verschlissener Bohrwerkzeuge oder zum Umbau des Bohrstranges muß dieser vollständig aus- und wieder eingebaut werden. Dabei wird er mit Spezialwerkzeug Stange für Stange ausgebaut und manuell abgelegt.

Bohranlagen

Bohranlagen werden bei der Erkundung des Untergrundes von Altablagerungen und Altstandorten kaum eingesetzt werden, sollen jedoch an dieser Stelle trotzdem beschrieben werden.

Leichte bis schwere stationäre Bohranlagen (Rotaryanlagen) verfügen statt einer Lafette für den Kraftdrehkopf über Bohrtürme verschiedenartiger Mastkonstruktionen, in denen ein schwerer Flaschenzug, der Kloben mit dem Fahrseil, installiert ist. Unter dem Kloben hängen am Bohrhaken die Kelly und der Bohrstrang. Dieser Flaschenzug läßt sich zum Bohren und zum Gestängeaus- und -einbau (Round Trip, RT) über das Hebewerk innerhalb der Bauhöhe des Bohrturmes heben und senken. Die Bauhöhe des Bohrturmes wird durch die Länge der abzustellenden Gestängezüge vorgegeben.

Der Antrieb des Bohrstranges erfolgt durch den mechanisch, elektrisch oder hydraulisch betriebenen *Drehtisch* (Rotary Table) und die im Drehtisch hängende *Kelly*, eine zumeist 6kantige Mitnehmerstange: Die Bewegung des Drehtisches im Zentrum der Arbeitsbühne wird formschlüssig auf die Kelly übertragen; der Bohrstrang unter ihr wird zwangsweise mitgedreht. Spezielle Komponenten ermöglichen der Kelly freie Auf- und Abwärtsbewegung durch den

Drehtisch (Bushing) und ungehinderte Drehbewegung (Swivel) am stehenden Haken. Zur Belastung des Bohrwerkzeugs wird ein Teil des Stranggewichtes genutzt, das über eine Nachlaßvorrichtung gesteuert wird.

Bohranlagen verfügen über umfangreiche und komplizierte Spülungszirkulationssysteme und Anlagen zur *Feststoffkontrolle*: Aus dem Saugtank wird die Bohrspülung in den Bohrturm und dort über die Steigleitung und einen stahlarmierten Gummischlauch als flexible Verbindung zur beweglichen Kelly über Swivel und Kelly in den Bohrstrang gepumpt, tritt am Bohrwerkzeug aus, steigt im Ringraum auf und wird unterhalb der Arbeitsbühne der Bohranlage über das Auslaufrohr auf die *Schüttelsiebe* geleitet. Schüttelsiebe sind vibrierende Siebmaschinen, die das Bohrgut/Bohrklein aus dem durchfließenden Spülungsstrom absieben und in darunter befindliche Behälter fallen lassen. Den Schüttelsieben können zum Abtrennen feinerer Kornfraktionen Zentrifugen oder ähnliches nachgeschaltet sein. Die so aufbereitete Spülung gelangt schließlich zurück in den Saugtank, wo sich der *Spülungskreislauf* schließt.

Zum Wechseln des Bohrwerkzeugs muß der Bohrstrang aus- und wieder eingebaut werden. Zur Zeitersparnis wird er dabei nicht vollständig zerlegt, sondern, je nach Größe der Bohranlage, in Zügen von 2 oder 3 Stangen im Bohrturm abgestellt.

2.3.2.5.2 Bohrstränge

Bohrstränge leichter mobiler Bohrgeräte zum Bohren in wenig verfestigten Sedimenten und Festgestein bestehen aus Bohrgestängen unterschiedlichster Bauarten, Durchmesser und Längen, sowie dem Bohrwerkzeug.

Bohrstränge schwerer mobiler Bohrgeräte und stationärer Bohranlagen bestehen zum Bohren in Festgestein und in großen Tiefen (von oben nach unten) im wesentlichen aus

- Bohrgestänge (Drill Pipes, DP),
- Schwerstangen (Drill Collars, DC) und dem
- Bohrwerkzeug (Drill Bit).

Bohrgestänge
In der Flachbohrtechnik verwendete Bohrstangen haben Längen von 3 und 6 m. Gängige Außendurchmesser sind 267, 244,5, 219, 177,8, 146 und 108 mm. Das Bohrgestänge dient nicht nur zum Bohren, sondern wird auch als temporäre Verrohrung zur Sicherung des Bohrloches eingesetzt, wobei der jeweilige Gestängedurchmesser 2 Abstufungen unter dem Verrohrungsdurchmesser liegt (bei Verrohrungsdurchmesser 219 mm beträgt der Gestängedurchmesser beispielsweise 146 mm).

Einzelne Stangen (Abb. 41) eines in der Tiefbohrtechnik verwendeten Bohrstranges haben nach Standards des American Petroleum Institute (API) genormte Längen, Durchmesser (Wandstärken), Materialgüteklassen und Gewindety-

Geologische Aufschlußmethoden

pen. Gängigste Längen sind rund 9,30 und 13,5 m (30 und 43 1/2 ft), gängigste Außendurchmesser der Rohrkörper 5", 3 1/2" und 2 7/8". Die auf die nahtlosen Rohrkörper aufgeschweißten oder gestauchten Verbinder (Tool Joints) mit den konischen Gewinden (Zapfen und Muffe) haben aus Gründen der Stabilität und Arbeitssicherheit größere Durchmesser: Hier greifen beim Ver- und Entschrauben und beim Ein- und Ausbau des Bohrstranges die entsprechenden Werkzeuge (Zangen und Elevatoren) an.

Die Begriffe *„Flachbohrtechnik"* und *„Tiefbohrtechnik"* sind nicht eindeutig definiert. Allgemein versteht man unter Flachbohrungen Bohrungen bis 500 m Tiefe und unter Tiefbohrungen solche bis 6.000 m Tiefe, während Bohrungen über 6.000 m hinaus als „übertief" oder „ultratief" bezeichnet werden. Hier soll nach Art des Bohrgeräts unterschieden werden: Für die Flachbohrtechnik werden mobile Bohrgeräte, für die Tiefbohrtechnik stationäre Bohranlagen eingesetzt.

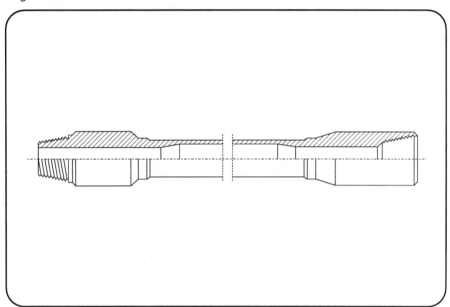

Abb. 41. Bohrstange mit Verbindern

Schwerstangen
Bei in der Flachbohrtechnik eingesetzten Schwerstangen handelt es sich häufig um in Eigenbau hergestellte kurze, möglichst schwere Stangen zur Belastung des Bohrwerkzeugs speziell zu Beginn einer Bohrung (zum Beispiel 1-m-Hohlmantelstangen mit Bleifüllung).

In der Tiefbohrtechnik eingesetzte Schwerstangen haben im Vergleich zu Bohrgestänge größere Außendurchmesser über ihre gesamte Länge und damit größere Wandstärken und ein höheres Gewicht. Sie sind gewöhnlich rund 10 m (33 ft) lang. Ihre Außendurchmesser liegen geringfügig unter dem Durchmesser des verwendeten Bohrwerkzeugs. Gängige Durchmesser sind beispielsweise 9 1/2", 8", 7 1/4", 6 1/2", 5" und 4 1/8".

Pendelgarnituren
Rotarystränge bestehen überwiegend aus Bohrgestänge. Nur ihr unterster Bereich wird von Schwerstangen (einschließlich Stabilisatoren, Schlagschere, Stoßdämpfer und Übergängen) gebildet. Die Schwerstangen bewirken, daß das Bohrgestänge ausschließlich auf Zug beansprucht wird und wegen der herrschenden Schwerkraft die Tendenz hat, möglichst vertikal zu hängen und damit ein vertikales Loch zu erzeugen (Abb. 42 a, b). Nur der unterste Teil des Schwerstangenbereiches dient der erforderlichen Belastung des Werkzeugs. Je schwerer dieses Pendel ist, desto stärker ist seine Tendenz zur Vertikalität. Die Versteifung des Schwerstangenbereichs durch *Stabilisatoren* (Abb. 43 a, b) hilft zusätzlich, die eingeschlagene Richtung des Bohrloches beim Vertiefen beizubehalten.

Geologische Aufschlußmethoden

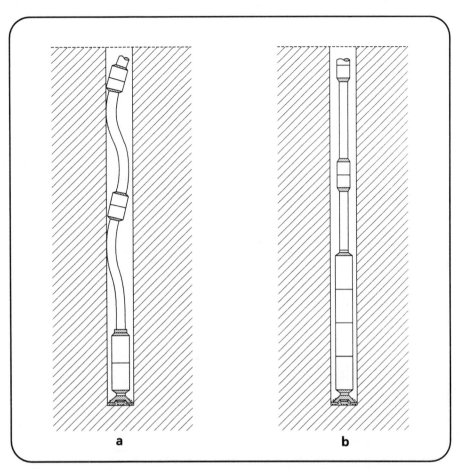

Abb. 42. Wirkung **a** unzureichender und **b** adäquater Zugbelastung des Bohrstranges durch Schwerstangen. (Nach Whittaker 1985 a)

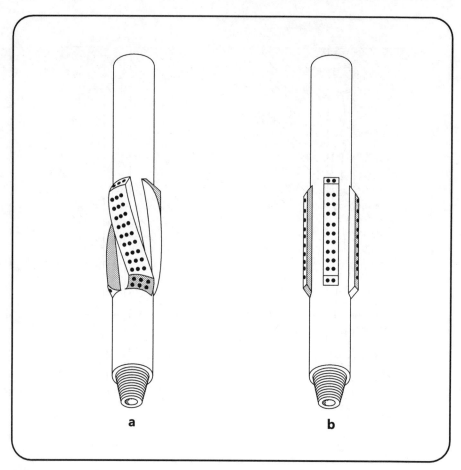

Abb. 43. Stabilisatoren mit **a** spiraligen und **b** geraden Stützrippen

Bohrwerkzeuge für drehende Spülbohrverfahren ohne Kerngewinn
In Abhängigkeit von den zu erwartenden Gesteinseigenschaften finden unterschiedliche Bohrwerkzeuge wie Flügel-, Stufen-, Rollen- und Diamantmeißel Verwendung.

Flügelmeißel (Abb. 44 a) mit 2 oder 3 Flügeln mit Hartmetallbesatz in verschiedenen Ausführungen waren die ersten in Drehbohrungen eingesetzten Bohrwerkzeuge. Beim Eindringen ins Gestein schälen sie Späne ab. Sie werden heute nur noch selten in weichem Gestein verwendet. Ihr Vorteil ist ihr einfacher Aufbau und damit ihr niedriger Preis.

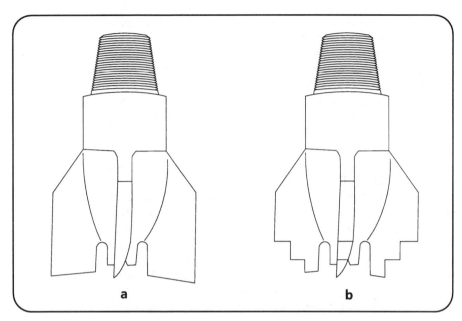

Abb. 44. a Flügelmeißel und b Stufenmeißel

Stufenmeißel sind Sonderformen der Flügelmeißel. Während diese den vollen Bohrlochdurchmesser in einer Ebene erzeugen, erzielen ihn vielstufige Stufenmeißel (Abb. 44 b) erst in der letzten Ebene. Sie finden in Hartgestein (Kalk, Dolomit, Salz) Verwendung. Gängige Durchmesser für beide Typen sind 143, 250, 311 und 380 mm, in Ausnahmefällen bis 700 mm.

Rollenmeißel sind die heute am weitesten verbreiteten und entwickelten Bohrwerkzeuge in der Rotarytechnik. Es gibt sie für nahezu jeden Einsatzzweck und in vielen Größen. Gängige Durchmesser sind 28", 22", 17 1/2", 14 3/4", 12 1/4", 8 1/2" und 6". Um den Vergleich von Rollenmeißeln unterschiedlicher Hersteller zu ermöglichen, hat die International Association of Drilling Contractors den sog. IADC Code zur Klassifizierung von Meißeln durch einen dreistelligen Zahlenschlüssel entwickelt. Rollenmeißel bestehen aus den 3 Hauptkomponenten:

- Meißelkörper,
- Lager und
- Rollen.

Meißelkörper moderner Rollenmeißel mit 3 Rollen (Tri-Cone Bits) sind Stahlkörper mit 3 Schenkeln und Lagerzapfen zur Aufnahme der Rollen und ihrer Lager, Wasserwegen in Gestalt austauschbarer Düsen, Schmiermittelreservoirs für die Lager (bei gekapselten Lagern) und einem Gewindezapfen als Verbindung zum Bohrstrang. Der Innendurchmesser der eingesetzten Düsen wird als Vielfaches von 1/32" angegeben.

Die einfachsten *Lager* sind Gleit-, Kugel- oder Wälzlager, bei denen die Spülung als Schmiermittel dient. Wegen des unvermeidlichen Festoffgehalts der Spülung ist die Haltbarkeit dieser ungekapselten Lager jedoch gering. Gekapselte Lager werden über Schmiermittel in einem gekapselten Reservoir geschmiert. Sie haben dadurch eine höhere Lebensdauer. Festgegangene Lager teilen sich durch erhöhte Drehmomente mit.

Durch die Drehbewegung des Bohrstranges werden die mit Zähnen oder Warzen bewehrten *Rollen* auf der Bohrlochsohle abgerollt und zerstören so das Gestein meißelnd. Die Ausführung der Rollen bestimmt ihren Einsatzzweck. *Zahnmeißel* (Abb. 45 a) haben Rollen mit gefrästen Stahlzähnen unterschiedlicher Größen: lange Zähne für weiches, kurze Zähne für härteres Gestein. Die Länge der Zähne steht in Beziehung zur Größe des produzierten *Bohrkleins*. Die Außenflächen der Rollen sind zum Schutz vor Kaliberverlust häufig durch verstärkte Zähne oder eingesetzte Knöpfe aus Wolframkarbid armiert. Bei den langzähnigen Meißeln wird der Bohrvorgang dadurch unterstützt, daß durch einen Versatz der Achsen der Lagerzapfen eine grabende Bewegung der rotierenden Rollen bewirkt wird. Für besonders hartes Gestein werden *Warzenmeissel* (Abb. 45 b) verwendet. Sie weisen statt der Stahlzähne Reihen aus extrem harten (aber spröden) Wolframkarbidwarzen unterschiedlichster Formen und Größen auf. Warzenmeißel sind langlebig, aber teuer. Sie erzeugen relativ feinkörniges Bohrklein. Abgenutzte Zähne und Warzen teilen sich durch den Rückgang des Bohrfortschritts und häufig durch feiner werdendes Bohrklein mit. Rollenmeißel mit *Kaliberverlust* erzeugen ein Loch mit *Untermaß*, das aufgebohrt werden muß. Verlorene Rollen ziehen *Fangarbeiten* nach sich.

Es ist internationale Praxis, das *Verschleißbild* von Zähnen und Lagern anhand einer von 0 - 8 reichenden Skala (0 = neuwertig, 8 = völlig verschlissen) zu bewerten; der Kaliberverschleiß wird in mm angegeben.

Geologische Aufschlußmethoden

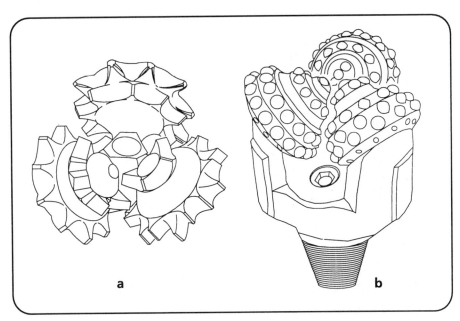

Abb. 45. **a** Zahnmeißel („Draufsicht") und **b** Warzenmeißel (Seitenansicht)

Diamantmeißel sind für den Einsatz in weichen bis extrem harten Festgesteinen konstruiert. Ihr Erscheinungsbild (Abb. 46) in Form, Größe der Diamanten und deren Anordnung schwankt beträchtlich. Sie sind in allen gängigen Durchmessern erhältlich, werden jedoch gewöhnlich mit 1/16" (USA) oder 1/32" (Europa) Untermaß geliefert, damit beim Einbau Beschädigungen durch Kontakt mit der Verrohrung oder der Bohrlochwand vermieden werden. Der wesentliche Vorteil von Diamantmeißeln besteht im Fehlen beweglicher Teile: Ihre Langlebigkeit und Standfestigkeit bei hohen Drehzahlen entschädigen für den hohen Preis. Ihr Nachteil besteht in der Art der Bohrkleinerzeugung: Das Gestein wird häufig vollständig zu *Bohrmehl* zerrieben und läßt sich selbst mikroskopisch nicht mehr identifizieren. In den letzten Jahren werden Diamantmeißel zunehmend von den modernen gleitgelagerten, gekapselten Warzenmeißeln verdrängt, deren Lebensdauer vergleichbar ist und die höhere Bohrfortschritte erlauben.

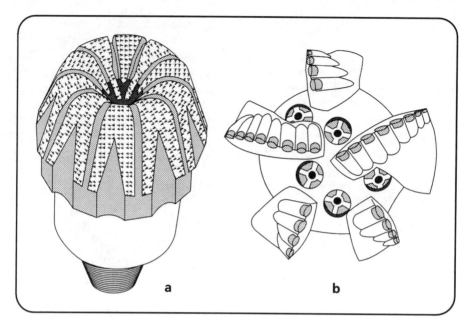

Abb. 46. Verschiedene Diamantmeißel

Diamantmeißel bestehen aus

- einem Stahlkörper mit Wasserwegen und dem Gewindezapfen als Verbindung zum Bohrstrang und
- der Matrix als Träger der Diamanten.

Bei den *oberflächenbesetzten Diamantmeißeln* sind die natürlichen oder synthetischen Diamanten zu etwa 2/3 ihrer Durchmesser in die Oberfläche einer Metallmatrix eingebettet. Das exponierte Drittel verrichtet die Fräsarbeit.

Der Begriff „Diamantmeißel" ist streng genommen unsinnig, da diese Werkzeuge das Gestein nicht meißelnd, sondern fräsend zerstören. Der Begriff „Meißel" hat sich jedoch im deutschen Sprachgebrauch für alle Vollbohrwerkzeuge, unabhängig von deren Wirkungsweise, eingebürgert.

Bohrwerkzeuge für drehende Spülbohrverfahren mit Kerngewinn
Kernkronen sind Bohrwerkzeuge, die zum Erbohren von Bohrkernen benutzt werden. Anders als Meißel zerstören sie nicht das gesamte vom Werkzeugdurchmesser vorgegebene Gesteinsvolumen, sondern erzeugen nur einen Ringspalt im Gestein, der durch die Dicke der Kronenlippe bestimmt wird. Im Zentrum entsteht der Bohrkern. Entsprechend der Unterscheidung von Rollen- und Diamantmeißeln und deren Aufbau wird auch bei den Kronen zwischen *Rollenbohrkronen* und *Diamantbohrkronen* unterschieden. Rollenbohrkronen haben

vier oder sechs Rollen (Abb. 47 a, b). Gängige Außendurchmesser sind 17 1/2", 12 1/4", 10 5/8", 9 7/8", 8 1/2" und 7 7/8", die dazugehörigen Kerndurchmesser betragen je nach Hersteller 11", 5 1/4", 4 1/2", 4", 3 1/2" und 3". Diamantbohrkronen haben *Oberflächenbesatz* (Abb. 48 a) oder *Imprägnation* (Abb. 48 b) von Diamanten. Bei den imprägnierten Typen sind Diamantsplitter in einer relativ weichen Matrix eingesintert. Beim Bohren verschleißt die Matrix, setzt dabei neue Diamantsplitter frei und erneuert sich so bis zum endgültigen Verschleiß ständig.

Eine Sonderform von Bohrkronen stellen die Kronen mit Hartmetallbesatz (Abb. 48 c) dar. Sie finden in weichem bis mäßig hartem Gestein Verwendung. Gängige Außendurchmesser von Diamant- und *Hartmetallbohrkronen* sind 12 1/4", 8 1/2" und 6"; die dazugehörigen Kerndurchmesser betragen 5 1/4", 4" und 2 5/8".

Rollenbohrkronen finden nur in der Tiefbohrtechnik Verwendung, da die in der Flachbohrtechnik eingesetzten Bohrgeräte die erforderlichen Drehmomente nicht aufzubringen vermögen.

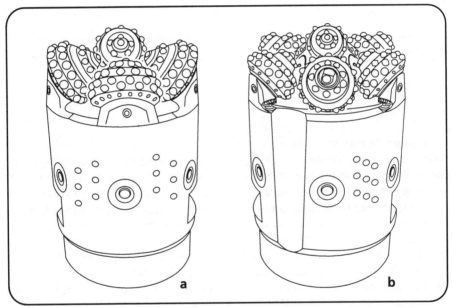

Abb. 47. Rollenbohrkronen mit **a** 4 und **b** 6 Rollen

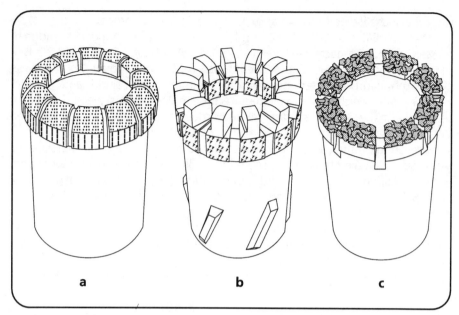

Abb. 48. **a** Diamantbohrkrone mit Oberflächenbesatz, **b** imprägnierte Diamantbohrkrone und **c** Hartmetallbohrkrone

3.3.2.5.3 Kernbohren

Kernen im Rotaryverfahren

Beim konventionellen Kernen im Rotaryverfahren wird mit der oben beschriebenen Pendelgarnitur gekernt. Statt eines Bohrmeißels wird jedoch eine Kernkrone verwendet; zwischen ihr und der untersten Schwerstange befindet sich das *Kernrohr* mit einer Standardlänge von 9 m. Dieses Kernrohr ist als *Doppelkernrohr* mit Kernfangfeder ausgebildet: Kernrohr und Innenkernrohr sind ineinander drehbar gelagert. Der Spülungsfluß erfolgt zwischen beiden Kernrohren, so daß eine Erosionswirkung auf den Bohrkern vermieden wird. Beim Kernen schiebt sich der Bohrkern durch die rotierende Krone in das nicht rotierende Innenkernrohr. Dabei hebt er die konische, geschlitzte *Kernfangfeder* aus ihrem konischen Sitz. Die Feder öffnet sich, der Kern gleitet durch sie hindurch. Ist der Kernvorgang beendet, wird der Bohrstrang von der Bohrlochsohle gefahren; der Kern bewegt sich relativ nach unten, drückt die Kernfangfeder in ihren Sitz und schließt sie: Der Kern ist festgeklemmt und gegen Herausfallen gesichert, er kann nun von der Bohrlochsohle abgerissen werden. Voraussetzung ist grundsätzlich ein guter *Kernerhalt*: Gesteinsbrocken kann die Kernfangfeder nicht halten; sie fallen beim Ausbau aus dem Kernrohr und werden beim Vertiefen des Bohrloches zerstört *(Kernverlust)*.

Geologische Aufschlußmethoden

Das konventionelle Kernen im Rotaryverfahren hat mehrere Nachteile:

- Rollenbohrkronen arbeiten meißelnd. Sie beanspruchen Bohrkern und Bohrlochwand stark. Ergebnis sind hohe Kernverluste und schlechter Kernerhalt.
- Ihre mechanischen Komponenten limitieren ihre Standzeiten in Hartgestein stark.
- Der über den Drehtisch im Bohrloch gedrehte Rotarystrang führt zu mechanischer Beanspruchung von Bohrstrang und Bohrlochwand.
- Das Kernrohr muß zur Bergung des Kerns nach jedem Kernmarsch (nach max. 9 m; durch Kernklemmer bedingt, häufig früher) mit dem gesamten Bohrstrang ausgebaut und zum Kernen wieder eingebaut werden. In tiefen Bohrungen bedeutet dieses Vorgehen einen erheblichen zeitlichen und damit finanziellen Aufwand.

Kerngewinn und *Kernerhalt* können durch die Verwendung von Diamantbohrkronen erheblich verbessert werden. Sie benötigen jedoch hohe Drehzahlen, die der Drehtischantrieb nicht liefern kann. Der Einsatz von spülungsbetriebenen *Untertageantrieben* löst hier 2 Probleme:

- Schnellaufende Turbinen ermöglichen den Einsatz langlebiger Diamantbohrkronen zum Erhalt qualitativ hochwertiger Kerne bei hohem Kerngewinn.
- Bei stehendem Rotarystrang wird die Beanspruchung von Bohrstrang und Bohrloch deutlich reduziert.

Die langlebigen Diamantbohrkronen verhindern jedoch nicht, daß der Bohrstrang nach jedem Kernmarsch aus- und wieder eingebaut werden muß. Dazu ist eine andere Bohrtechnik erforderlich, das Seilkernverfahren.

Seilkernverfahren
Kennzeichen für das Seilkernverfahren sind:

- Antrieb des Bohrstranges über einen schnellaufenden Kraftdrehkopf statt des Drehtischs,
- Verwendung von Bohrgestänge gleicher Durchmesser über die gesamte Bohrstranglänge *(Seilkernstrang)* statt des Rotarystrangs aus Gestänge und Schwerstangen und
- Verwendung dünnlippiger Diamant- oder Hartmetallbohrkronen mit nur geringfügig über dem Gestängedurchmesser liegenden Außendurchmessern.

Der *Kraftdrehkopfantrieb* ermöglicht die Verwendung von Diamantbohrkronen. Ein innen und außen nahezu glatter Bohrstrang ohne die Verengungen und Absätze eines Rotary-Bohrstranges ermöglicht das Ziehen des vollen Innenkernrohres an einem Stahlseil mit einem Kupplungsmechanismus, der das Innenkernrohr aus dem Außenkernrohr ausklinkt und zum Ziehen und Entleeren ankoppelt, ohne daß das Gestänge ausgebaut werden muß. Das Gestänge braucht so nur noch zum Werkzeugwechsel ausgebaut werden; das Verfahren ist damit für *kontinuierliches Kernen* optimal geeignet. Noch während der Kernentnahme wird ein leeres Innenkernrohr im Seilkernstrang hinuntergepumpt und rastet zum Weiterkernen im Außenkernrohr ein. Seilkernrohre sind häufig als *Dreifachkernrohre* ausgebildet: Das Innenkernrohr enthält zusätzlich eine PVC-Hülse, die nach der Bergung entnommen und mit Deckeln verschlossen werden kann. Es finden Innenkernrohre von 1, 1,5, 2 und 6 m Verwendung.

Wichtig beim Einsatz der Seilkerntechnik ist eine gute *Feststoffkontrolle* der Bohrspülung: Hohe Festoffgehalte in der Spülung können ein sicheres Landen und Einrasten des Innenkernrohres im Kernrohr verhindern; der Kern schiebt dann beim Kernen das Innenkernrohr vor sich her und kann nicht geborgen werden.

Die Verwendung der beschriebenen Diamant- oder Hartmetallbohrkronen führt zu einem extrem schmalen Ringraum zwischen Bohrstrang und Bohrlochwand, in dem die Spülung wie ein Gleitlager wirkt und, bei maßhaltigem Bohrloch, zusammen mit der hohen Drehzahl zentrierende und eigenstabilisierende Wirkung hat und so mit gewissen Einschränkungen die stabilisierende Wirkung einer Pendelgarnitur erzielt. Ein weiterer positiver Effekt der genannten, fräsend arbeitenden Werkzeuge sind *Kerngewinne* nahe 100 % bei optimalem *Kernerhalt*.

Orientierte Bohrkerne
Einige wissenschaftliche Untersuchungen (strukturelle, magnetische Untersuchungen) erfordern Bohrkerne, deren natürliche räumliche Lage im Gesteinsverband rekonstruiert werden kann. Dazu gibt es mehrere Methoden.

Die einfachste Methode besteht darin, ein *Pilotbohrloch* von wenigen Zentimetern Durchmesser zu bohren und dieses Pilotbohrloch mit einem deutlich größeren Kerndurchmesser so zu überbohren, daß das Pilotbohrloch in bezug auf den Bohrkern in einer definierten Richtung, zum Beispiel am nördlichen Kernrand, liegt (Abb. 49).

Geologische Aufschlußmethoden 105

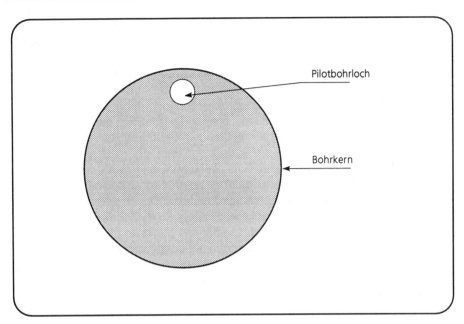

Abb. 49. Kernorientierung durch Bohren eines Pilotbohrloches

Eine weitere Methode markiert den Bohrkern während des Kernens mittels dreier im theoretisch nicht rotierenden Innenkernrohr asymmetrisch angeordneter Messer, die auf dem Bohrkern drei parallele Nuten erzeugen, die theoretisch geradlinig verlaufen sollten. Die tatsächliche Lage der Messer in bezug auf einen Referenzpunkt wird während des Kernvorganges regelmäßig meßtechnisch dokumentiert und erlaubt so auch bei nicht geradlinig verlaufenden *Markierungsnuten* die Orientierung des Kernes.

Die technisch anspruchsvollste, genaueste und bis in große Bohrlochtiefen in strukturiertem Gebirge anwendbare Methode nutzt *Abbildungen von Bohrkern und Bohrloch* zur nachträglichen Orientierung der Kerne: Die Kernstücke eines Kernmarsches werden zu einem Gesamtkern zusammengefügt, mit einer gemeinsamen axialen Referenzlinie markiert und entweder durch synchrones Abrollen über einem Kopiergerät (Schlittenkopierer) oder durch Einwickeln in transparente Folie und manuelles Nachzeichnen der Strukturen und der Referenzlinie mit farbigen Filzstiften abgebildet.

Diese „Kernabwicklungen" werden mit geophysikalisch erzeugten Abbildungen der Bohrlochwand aus entsprechender Tiefe, die als Referenzlinie „Magnetisch Nord" aufweisen, strukturell zur Deckung gebracht und die Abweichung der willkürlich aufgebrachten Referenzlinie auf dem Bohrkern von Magnetisch Nord gemessen.

Zu beachten ist bei dieser Methode, daß die Abbildungen von Bohrkern und Bohrlochwand wegen der unterschiedlichen Durchmesser unterschiedliche

Maßstäbe aufweisen und wegen der entgegengesetzten Blickrichtungen der Aufnahmegeräte (der Kern wird von außen, das Bohrloch von innen abgebildet) seitenverkehrt sind.

Zur Erzeugung der Abbildungen der Bohrlochwand in Schwarz-Weiß-Schattierungen oder Falschfarben dienen

- das Formation Micro Scanner Tool *FMST*, das über 4 Arme Leitfähigkeitsunterschiede auf 4 Spuren an der Bohrlochwand mißt und
- der Borehole Televiewer *BHTV*, der, anders als der Name suggeriert, nach dem Sonarprinzip arbeitet und die Bohrlochwand im vollen Umfang kontaktlos „scannt".

Durch Bohrlochabweichungen von der Vertikalen bedingte Effekte auf die Orientierung der Bohrkerne sind bei geringen Neigungswinkeln zu vernachlässigen.

2.3.2.5.4 Spülung

Wie bereits erwähnt, sind die Hauptaufgaben der Bohrspülung im normalen *Spülungskreislauf* (s. Kap. „Bohrgeräte und Bohranlagen") neben vielen anderen (beispielsweise Korrosionsschutz durch Einstellen des *pH-Wertes*)

- Reinigung der Bohrlochsohle und Austrag des Bohrguts/Bohrkleins aus dem Bohrloch,
- Kühlung und Schmierung von Bohrwerkzeug und Bohrstrang sowie
- Stabilisierung der Bohrlochwand.

Reinigung und Austrag

Die Reinigung der Bohrlochsohle und der Austrag des Bohrkleins werden maßgeblich von 3 Faktoren beeinflußt:

- Fließgeschwindigkeit der Spülung im Ringraum,
- Viskosität der Spülung und
- Gelstärke der Spülung.

Die *Fließgeschwindigkeit* der Spülung im Ringraum ist im wesentlichen abhängig von der Form des Ringraumes (Düsenwirkung oder Senkkastenprinzip) und der Pumprate (l/min), aber auch von ihrer Viskosität.

Die *Viskosität* einer Spülung kann als der Widerstand beschrieben werden, den sie dem Fließen beim Verpumpen bietet. Sie wird auf Bohrungen durch Ermittlung der Auslaufzeit durch einen Trichter als „Trichterviskosität" bestimmt. Die Viskosität einer Spülung hängt von Art und Menge der in Suspension befindlichen Feststoffe ab. Sie beeinflußt die *Tragfähigkeit* der Spülung entscheidend.

Die *Gelstärke* beschreibt die Fähigkeit einer Spülung, bei Zirkulationsstillstand ein Gel zu bilden. Es soll (beim Nachsetzen einer Stange oder Pumpenversagen) das Bohrklein in Schwebe halten, ein Absedimentieren (und Festgehen des Bohrstranges) verhindern und so eine teufengerechte Beprobung ermöglichen. Die Gelstärke wird auf Bohrungen mit einem FANN-Viskosimeter bestimmt und in lbs/100 ft² angegeben.

Wasserbasische Spülungen
Das einfachste Spülungsmedium ist *Süßwasser*. Wasser fehlt jedoch die Tragfähigkeit, die zur Reinigung der Bohrlochsohle und besonders zum Austrag des Bohrkleins erforderlich ist. Um die benötigte Viskosität und Gelstärke einer Spülung einzustellen, werden dem Wasser *Tonminerale* (gewöhnlich Bentonit, bei Salzwasser Attapulgit) oder *Polymere* (langkettige Molekülverbindungen: Carboxymethylcellulose CMC, Polyacrylamide PAA) zugesetzt (reine Wasserspülung reichert sich beim Einsatz in tonigen Gesteinen von selbst mit Tonmineralen an). Zu hohe Werte von Viskosität und/oder Gelstärke können bewirken, daß die Spülung Bohrklein und eingeschlossene Gase im Absetzbecken nicht freigibt oder über die Schüttelsiebe strömt. Rezirkulierte *Feststoffe* führen zu erhöhtem Verschleiß im gesamten Zirkulationskreislauf und bergen die Gefahr von *Durchspülern* im Bohrstrang.

Spülungen auf Salzwasserbasis werden bei Bohrungen im Meer, gesättigte *Salzwasserspülungen* zum Bohren im Salz eingesetzt, um Auslaugungsprozesse zu minimieren. Auf ölbasische Spülungen soll hier nicht eingegangen werden.

Kühlung und Schmierung
Grundsätzlich kann jede verpumpbare Flüssigkeit der Kühlung von Bohrwerkzeug und Bohrstrang dienen. Zur Schmierung sind jedoch häufig weitere *Spülungszusätze* in Form von Ölen oder anderen Chemikalien erforderlich.

Stabilisierung der Bohrlochwand
Der hydrostatische Druck der ruhenden Spülungssäule im Bohrloch soll dem lithostatischen Druck des Gebirges stützend entgegenwirken und das Bohrloch so vor dem Zusammenbruch schützen. Um den erforderlichen Druck aufzubauen, werden Bohrspülungen mit fein gemahlenem *Baryt* (Schwerspat), einem inerten Feststoff, beschwert. Spülungen mit hohem *Spülungsgewicht (Dichte)* erhöhen die Gefahr von Spülungsverlusten in permeablem Gestein. Unkontrollierte Spülungsverluste ins Gebirge werden dadurch verhindert, daß eindringende Spülung an der Bohrlochwand einen undurchlässigen *Filterkuchen* bildet, der bei entsprechender Ausbildung weitere Verluste verhindert. Zu dicke Filterkuchen verringern jedoch den Bohrlochdurchmesser und führen zum Steckenbleiben des Bohrstrangs.

Punktuelle *Spülungsverluste* versucht man durch Verpumpen von Verstopfungsmaterial (Lost Circulation Material LCM: Glimmer, Stroh, Walnußschalen, Zellophankonfetti) zu bekämpfen.

Luftspülung
Unter ähnlichen Bedingungen wie bei den Trockenbohrverfahren wird in trockenem Festgestein verschiedentlich Luft als Spülungsmedium eingesetzt:

- Das für eine wasserbasische Spülung benötigte Wasser steht nicht zur Verfügung.
- Das Gestein läßt aufgrund hoher Durchlässigkeiten oder starker Klüftung hohe bis totale Spülungsverluste befürchten.
- Die Verwendung von Spülung auf Wasserbasis ist wegen der zu erwartenden *Kontamination durch Spülungszusätze* unerwünscht (etwa bei Brunnenbohrungen).

In trockenem Festgestein lassen sich mit Luftspülung Bohrfortschritte erzielen, die deutlich über denen bei Verwendung konventioneller Spülung liegen, da keine Spülungssäule auf der Bohrlochsohle lastet. Die Reinigung der Bohrlochsohle ist bei trockenem Gebirge gut, der Austrag des beim Bohren mit Diamantmeißeln erzeugten *Bohrmehls* mit relativ geringem Luftdruck und niedrigem Volumenstrom zu erreichen. Die Kühlung der Diamantmeißel erfordert hingegen große Luftmengen. Dabei kann es zu *Erosionserscheinungen* (Sandstrahleffekt) in der Bohrlochwand kommen. Bei größeren Bohrlochdurchmessern wird zur Vermeidung solcher Effekte mit *Umkehrspülung* gearbeitet.

Wassereinbrüche ins Bohrloch machen dem Verfahren häufig ein Ende und zwingen zum Rückgriff auf konventionelle Spülung. Diese Notwendigkeit mit all ihren ökonomischen Konsequenzen hat eine weitere Verbreitung der Anwendung von Luftspülung bisher verhindert.

Untertageantriebe
Mit zunehmender Tiefe einer Bohrung nimmt auch die mechanische Beanspruchung des von übertage angetriebenen rotierenden Bohrstranges zu, was nicht selten Gestängebrüche zur Folge hat. Um den *Verschleiß des Bohrstranges* zu reduzieren, wurden Untertageantriebe (Bohrlochmotoren) entwickelt, die im stehenden Bohrstrang direkt oberhalb des Meißels oder Kernrohres plaziert sind und hydraulisch durch die zirkulierende Spülung angetrieben werden. Man unterscheidet nach ihrer Wirkungsweise Turbinen und Verdrängungsmotoren. Beide Typen werden häufig in Verbindung mit Neigungsübergängen (Abb. 50) bei Richtbohrarbeiten eingesetzt.

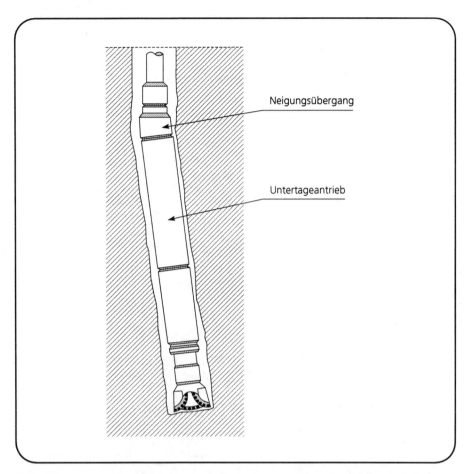

Abb. 50. Untertageantrieb mit Neigungsübergang zum Richtbohren. (Nach Whittaker 1985 a)

Turbinen bestehen aus mehreren Stufen von in einem Gehäuse angeordneten Paaren aus Rotor und Stator mit identischen Schaufelprofilen (Abb. 51). Der Stator lenkt den Spülungsstrom auf den Rotor, der auf die Antriebswelle wirkt, die die Drehbewegung auf das Bohrwerkzeug überträgt. Turbinen sind schnelllaufende Motoren, die relativ geringe Drehmomente aufbringen.

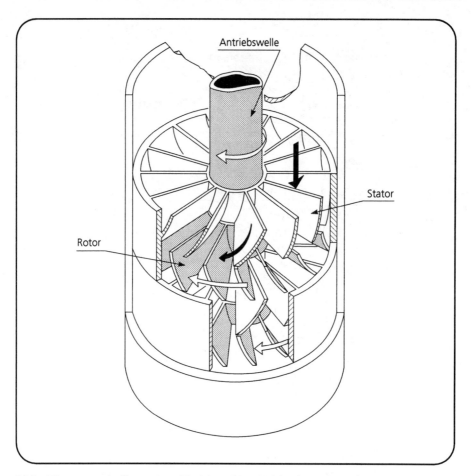

Abb. 51. Aufbau einer Turbine. (Aus Whittaker 1985 a)

Nach dem MOINEAU-Prinzip arbeitende *Verdrängungsmotoren* weisen auf der Innenseite ihres Gehäuses eine spiralförmige Beschichtung aus Gummi mit ovalem Querschnitt auf, in der sich ein spiralförmiger Rotor befindet. Die zwischen beiden Bauteilen hindurchgepreßte Spülung „verdrängt" den Rotor und versetzt ihn in eine Drehbewegung, die wiederum über die Antriebswelle auf das Bohrwerkzeug übertragen wird. Verdrängungsmotoren erzeugen bei niedrigeren Drehzahlen relativ hohe Drehmomente.

2.3.2.6 Lufthebeverfahren

Das Lufthebeverfahren ist der Sonderfall eines drehendes Spülbohrverfahren ohne Kerngewinn mit Umkehrspülung, bei dem als Fördermittel Wasser oder wasserbasische Spülung und Luft (s. Kap. „Spülung") gleichzeitig benutzt werden. Das Verfahren wurde für das Abteufen von Brunnen- und Schachtbohrungen mit großen Durchmessern in mäßig bis stark verfestigten Sedimenten und Hartgestein entwickelt und ist bereits bis in Teufen von weit über 1.000 m eingesetzt worden.

Grabende und wühlende Bohrwerkzeuge *(Flügelbohrer, Wühlbohrer, Stufenbohrer)* mit Durchmessern zwischen 300 und 900 mm, in hartem Gestein *Großlochrollenmeißel* (schwere, kreisförmige mit mehreren Meißelrollen bestückte Metallkörper, in mehreren Ebenen auch stufenförmig ausgebildet) mit bis über 5.000 mm Durchmesser werden an einem Spezialgestänge (Durchmesser 108 - 326 mm) mit Schwerstangen langsam auf der Bohrlochsohle gedreht und fördern das gelöste Gestein durch auf den Innendurchmesser des Gestänges abgestimmte Öffnungen in den Bohrstrang.

Die Reinigung der Bohrlochsohle und der Transport des Bohrgutes erfolgen durch Wasser oder Spülung (wegen der unzureichenden Strömungsgeschwindigkeit im riesigen Ringraum) „linksherum". Die Zirkulation der Spülung wird durch Einpressen von Druckluft (Abb. 52) in den Bohrstrang über eine separate Druckluftleitung erreicht: Die im Strang befindliche Spülungssäule wird dadurch erleichtert, Spülung aus dem Ringraum strömt nach. Die im Bohrstrang aufsteigende Luft dehnt sich stetig aus und beschleunigt die Hebewirkung auf diese Weise.

Die übertage aus dem Bohrstrang austretende Spülung wird im einfachsten Fall (bei Verwendung von Wasser) über Absetzrinnen geleitet und fließt nach Absetzen des Bohrgutes ohne Unterstützung einer Pumpe wieder zurück in den Ringraum. Der Einsatz von wasserbasischer Spülung macht hingegen ein aktives Feststoffkontrollsystem erforderlich.

Das Lufthebeverfahren (auch als *Löscher*-Pumpe, Mammutpumpe oder Air Lift bezeichnet) erlaubt das Erbohren großer Tiefen in wenig verfestigtem Gestein und Festgestein, welches hohe Spülungsverluste erwarten läßt (Karst), in einem Werkzeugmarsch ohne zwischenzeitlichen Aus- und Einbau des Gestänges, Aktionen, die durch sie hervorgerufene Sog- und Druckwellen immer Gefahren für ein Bohrloch darstellen. Weitere Vorteile des Verfahrens sind der geringe technische Aufwand und die Unempfindlichkeit gegenüber grobem Gesteinsmaterial bei allerdings niedrigem Wirkungsgrad, bedingt durch das Drei-Phasen-System, in dem die Luft der Spülung und dem Bohrgut deutlich vorauseilt und dadurch erhebliche Mengen an Druckluft benötigt werden, um die Zirkulation der Spülung in Gang zu halten.

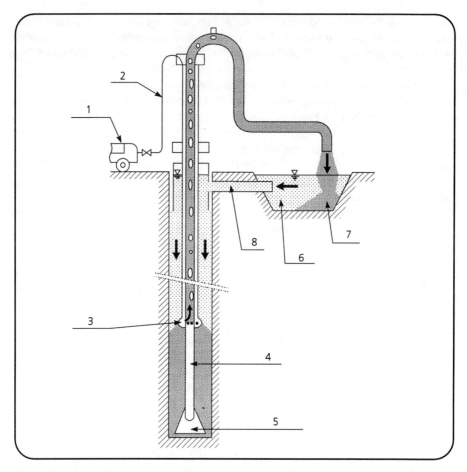

Abb. 52. Schematische Darstellung des Lufthebeverfahrens: 1 Kompressor, 2 Druckluftleitung, 3 Eintrittsstelle der Druckluftleitung in den Bohrstrang, 4 Bohrstrang, 5 Bohrwerkzeug, 6 Absetzrinne, 7 abgesetztes Bohrgut, 8 Spülungzufluß in den Ringraum. (Nach Arnold 1993)

2.3.2.7 Schlagdrehbohrungen

Schlagdrehbohrungen sind Spülbohrverfahren ohne Kerngewinn. Nach der Art der Spülung unterscheidet man hydraulische und pneumatische Schlagdrehbohrungen.

Hydraulische wie pneumatische Schlagdrehbohrgeräte *(Imlochhämmer)* nutzen die hydraulische/pneumatische Energie der im Bohrstrang verpumpten Spülung, indem ein Ventil den Spülungsstrom schlagartig unterbricht, diesen hydraulischen/pneumatischen Schlag in eine mechanische Bewegung umwandelt und über einen Schlagbolzen auf einen Amboß und damit auf das Bohrwerkzeug überträgt, während der Bohrstrang rotiert. Das Gestein wird auf der Bohrlochsohle mit hoher Schlagfrequenz zertrümmert und durch das verwendete Spülungsmedium (wasserbasische Spülung oder Druckluft) aus dem Bohrloch gefördert. Die Spülung dient somit sowohl dem Antrieb der Imlochhämmer als auch der Bohrlochreinigung.

Imlochhämmer sind nur im Festgestein einsetzbar. Mit ihnen lassen sich jedoch gute Bohrfortschritte und Tiefen von bis zu 400 m erreichen. Es existieren verschiedene Ausführungen von Meißeln mit Wolframkarbidwarzen (Abb. 53) mit Durchmessern von 35 - 600 mm.

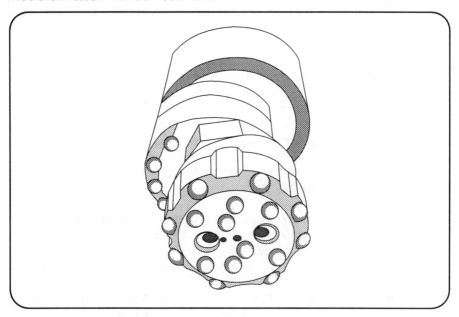

Abb. 53. Warzenmeißel für Schlagdrehbohrungen

2.3.2.8 Verdrängungsbohrungen

Für Fälle, in denen keine Ansprüche an Proben bestehen und in denen der Untergrund ihren Einsatz erlaubt, kommen zunehmend Verdrängungsbohrungen zur Anwendung. Im Gegensatz zu allen bisher geschilderten Bohrverfahren werden Bohrlöcher hier nicht durch Förderung, sondern durch Verdrängung von Material erzeugt. Sie werden mit drehmomentstarken Bohrgeräten ohne Spülung mit geschlossenen Bohrspitzen von 108 - 326 mm Durchmesser am Gestänge durchgeführt. Die Bohrspitzen werden nach Erreichen der Endteufe herausgeschlagen, die entstandenen Bohrlöcher lassen sich zu Bodenluft-,

Gasmeßstellen und Grundwasserbeprobungsstellen ausbauen. Verdrängungsbohrungen haben den Vorteil, kein kontaminiertes Material zu fördern und wegen des relativ geringen technischen Aufwands kostengünstig zu sein, erschließen jedoch nur Tiefen bis max. 40 m.

Normalerweise ist man aus verschiedenen Gründen bestrebt, eine Bohrung unabhängig vom Bohrverfahren möglichst absolut senkrecht abzuteufen. In der Kohlenwasserstoffexploration ist es in den letzten Jahren vermehrt erforderlich geworden, mehrere Zielgebiete mit einer Bohranlage von einer Lokation aus zu erbohren. Dazu, und auch zum Passieren von Hindernissen, beispielsweise nach Verlusten von Teilen des Bohrstranges und erfolglosen Fangversuchen, wurden in der Tiefbohrtechnik *Richtbohrverfahren* (s. Kap. „Untertageantriebe") entwickelt, die theoretisch auch im Bereich der Altlastenerkundung Anwendung finden könnten, jedoch technisch dermaßen aufwendig und damit teuer sind, daß ihr Einsatz hier praktisch nicht in Frage kommt.

2.3.3 Auswahl von Bohrverfahren und Bohrgerät

Bei der Beschreibung der Bohrverfahren wurden deren Einsatzmöglichkeiten im Hinblick auf den zu erbohrenden Untergrund sowie erreichbare Durchmesser und Tiefen, soweit möglich und sinnvoll, bereits erwähnt. Hier sollen nun Kriterien genannt werden, die bei der Auswahl von Bohrverfahren und -geräten von Bedeutung sind. Nach Durchführung der geologischen Oberflächenerkundung sind dabei folgende Fragen zu beantworten:

- Wie ist es um die Zugänglichkeit der Bohrstelle, die Tragfähigkeit des Untergrundes, die lichte Höhe und Lagerkapazitäten für Geräte und Material bestellt? Sind Wasser und Strom verfügbar? Befinden sich Wohnhäuser in der Nachbarschaft (Erschütterungen, Lärm!)?
- Aus welchem Material besteht der Untergrund, wie ist der Schichtaufbau und was sind seine Eigenschaften?
- Welche hydrogeologischen Verhältnisse sind zu erwarten?
- Welche Endteufe wird für die Bohrung gefordert? Sumpf bedenken!
- Welchem Zweck soll die Bohrung dienen, welcher Durchmesser wird benötigt? Brunnen sollten mit Vollwand- und Filterrohren von mindestens 125 mm Durchmesser ausgebaut werden, um leistungsfähige Unterwasserpumpen (Durchmesser 95 mm) einsetzen zu können!
- Welche Anforderungen werden an die Qualität der Proben bezüglich Teufengenauigkeit und chemisch-physikalischer Beeinflussung gestellt?
- Welche Probenmengen werden für welche Analysen benötigt?

- Ist in der Bohrung mit Kontaminationen durch gesundheitsgefährdende Stoffe zu rechnen?

Im Rahmen der Vorerkundung sollten alle Unterlagen über eventuell bereits angelegte Schürfe und durchgeführte Sondierbohrungen und Bohrungen im Bereich der geplanten Bohrung gesammelt und ausgewertet werden. Aufzeichnungen (oft in Form teufenkorrelierter „Logs") früherer Bohrungen enthalten wertvolle Informationen über

- die ausführende Bohrfirma, das angewandte Bohrverfahren und das eingesetzte Bohrgerät,
- benutzte Gestänge und Werkzeuge sowie deren Leistungen und *Verschleißbeurteilungen* in Abhängigkeit von der Lithologie und den charakteristischen Bohrparametern (s. Kap. „Bohrgeräte"),
- die charakteristischen *Bohrparameter* RPM, WOB, Torque, SPM, PP, ROP (Drehzahl, Werkzeugbelastung, Drehmoment, Pumprate, Pumpendruck, Bohrfortschritt),
- die Spülungsparameter (Dichte, Viskosität, Gelstärke, pH-Wert etc.),
- geophysikalische Messungen und
- die Gesteinsabfolge.

Zusammenfassend sind in der folgenden Übersicht die wichtigsten Parameter in Abhängigkeit vom Einsatz der unterschiedlichen Werkzeuge und dem Probenerhalt aufgelistet. Die Auswahl des zugehörigen Bohrverfahrens (oder eine Kombination aus mehreren Bohrverfahren) und des erforderlichen Bohrgeräts sollte nach Festlegung der Vorgaben in Absprache mit dem Bohrunternehmen getroffen werden.

Greiferbohrungen, trocken ohne Kerngewinn

Werkzeug:	Greifer
Gestein:	Sande, Kiese mit Bohrhindernissen, auch im Grundwasser
Probenart:	teufengerechte gestörte Proben
Bohrlochdurchmesser:	400 - 2.000 mm
Tiefe:	200 m

Schlagbohrungen, trocken ohne Kerngewinn

Werkzeug:	Ventilbohrer
Gestein:	Sande, Kiese unter Wasser
Probenart:	unvollständige gestörte Probe
Bohrlochdurchmesser:	168 - 1.000 mm
Tiefe:	100 m

Werkzeug:	Schlagschappe
Gestein:	Schluffe über, Tone auch im Grundwasser
Probenart:	durchgehende gestörte Proben
Bohrlochdurchmesser:	168 - 500 mm
Tiefe:	300 m

Rammbohrungen, trocken mit Kerngewinn

Werkzeug:	Rammkernrohr mit Schneide
Gestein:	Tone und Sande ohne grobe Einlagerungen, auch im GW
Probenart:	teufengenaue Bohrkerne ohne Spülungsbeeinflussung
Bohrlochdurchmesser:	80 - 300 mm
Kerndurchmesser:	63,5 - 101 mm
Tiefe:	300 m

Drehbohrungen, trocken ohne Kerngewinn

Werkzeug:	Drehschappe, Kübelbohrer
Gestein:	Sande über, Tone auch im Grundwasser
Probenart:	durchgehende gestörte Proben
Bohrlochdurchmesser:	216 - 419 mm
Tiefe:	200 m

Werkzeug:	Schneckenbohrer
Gestein:	Böden mit Sanden, Kiesen, Geröllen, Festgesteine über GW
Probenart:	durchgehende gestörte Probe
Bohrlochdurchmesser:	150 - 900 mm
Tiefe:	40 m

Geologische Aufschlußmethoden

Werkzeug:	Spiralbohrer
Gestein:	zähe Böden über Grundwasser
Probenart:	durchgehende gestörte Proben
Bohrlochdurchmesser:	150 - 800 mm
Tiefe:	40 m

Drehbohrungen, trocken mit Kerngewinn

Werkzeug:	Hohlbohrschnecke
Gestein:	Tone, Sande auch im Grundwasser
Probenart:	teufengenaue Bohrkerne ohne Spülungsbeeinflussung
Bohrlochdurchmesser:	180 - 280 mm
Kerndurchmesser:	63,5 - 101 mm
Tiefe:	30 m

Drehbohrungen, direkt spülend ohne Kerngewinn

Werkzeug:	Flügelmeißel
Gestein:	weiche Gesteine
Probenart:	gestörte Spülproben
Bohrlochdurchmesser:	143 - 380 mm
Tiefe:	mehrere 100 m

Werkzeug:	Stufenmeißel
Gestein:	Kalke, Dolomite, Salze
Probenart:	gestörte Spülproben
Bohrlochdurchmesser:	143 - 380 mm
Tiefe:	mehrere 100 m

Werkzeug:	Zahnmeißel
Gestein:	weiche bis harte Festgesteine
Probenart:	gestörte Spülproben
Bohrlochdurchmesser:	6" - 28"
Tiefe:	mehrere 1.000 m

Werkzeug:	Warzenmeißel
Gestein:	harte bis sehr harte Festgesteine
Probenart:	gestörte Spülproben
Bohrlochdurchmesser:	6" - 28"
Tiefe:	mehrere 1.000 m

Werkzeug: Diamantmeißel
Gestein: weiche bis sehr harte Festgesteine
Probenart: unbrauchbare Bohrmehl-Spülproben
Bohrlochdurchmesser: 6" - 17 1/2"
Tiefe: mehrere 1.000 m

Werkzeug: Diamantmeißel
Gestein: harte Festgesteine
Probenart: Bohrmehl in Luftspülung
Bohrlochdurchmesser: 6" - 17 1/2"
Tiefe: mehrere 100 m

Drehbohrungen, direkt spülend mit Kerngewinn

Werkzeug: Rollenbohrkrone
Gestein: harte Festgesteine
Probenart: teufengenaue Bohrkerne und gestörte Spülproben
Bohrlochdurchmesser: 7 7/8" - 17 1/2"
Bohrkerndurchmesser: 3" - 11"
Tiefe: mehrere 1.000 m

Werkzeug: Diamantkrone
Gestein: harte Festgesteine
Probenart: teufengenaue Bohrkerne und unbrauchbares Bohrmehl
Bohrlochdurchmesser: 6" - 12 1/4"
Bohrkerndurchmesser: 2 5/8" - 5 1/4"
Tiefe: mehrere 1.000 m

Werkzeug: Hartmetallkrone
Gestein: weiche bis mittelharte Festgesteine
Probenart: teufengenaue Bohrkerne und gestörte Spülproben
Bohrlochdurchmesser: 6" - 12 1/4"
Bohrkerndurchmesser: 2 5/8" - 5 1/4"
Tiefe: mehrere 100 m

Geologische Aufschlußmethoden

Drehbohrungen, indirekt spülend ohne Kerngewinn

Werkzeug:	Wühlbohrer
Gestein:	Sande
Probenart:	gestörte Spülproben
Bohrlochdurchmesser:	300 - 600 mm
Tiefe:	mehrere 100 m

Werkzeug:	Flügelbohrer
Gestein:	Sande, Tone
Probenart:	gestörte Spülproben
Bohrlochdurchmesser:	300 - 900 mm
Tiefe:	mehrere 100 m

Werkzeug:	Großlochrollenmeißel
Gestein:	Festgesteine
Probenart:	gestörte Spülproben
Bohrlochdurchmesser:	bis über 5.000 mm
Tiefe:	mehrere 100 m

Schlagdrehbohrungen, direkt spülend ohne Kerngewinn

Werkzeug:	Warzenmeißel
Gestein:	Hartgesteine
Probenart:	gestörte Spülproben
Bohrlochdurchmesser:	35 - 600 mm
Tiefe:	50 m

Werkzeug:	Warzenmeißel
Gestein:	trockene Hartgesteine
Probenart:	gestörte Proben in Luft
Bohrlochdurchmesser:	35 - 600 mm
Tiefe:	400 m

Verdrängungsbohrungen, trocken ohne Probengewinn

Werkzeug:	geschlossene Bohrspitze
Gestein:	Lockergestein, Müll
Probenart:	keine
Bohrlochdurchmesser:	108 - 326 mm
Tiefe:	40 m

2.3.4 Vorschriften

Zunächst ist die geplante *Durchführung* jedes mechanischen *Bohrvorhabens* nach §§ 50 und 127 Bundesberggesetz, § 4 Lagerstättengesetz und § 138 Niedersächsisches Wassergesetz unter Verwendung des Formblattes MU 1a (Anl. 1) den dort aufgeführten Behörden anzuzeigen.

Für Bohrungen tiefer 100 m ist dem zuständigen Bergamt darüber hinaus ein umfassender *Betriebsplan* vorzulegen, der ein Betriebsplanverfahren unter Einbeziehung aller Betroffenen auslöst. Nach *Genehmigung* des Bohrvorhabens ist zusätzlich ein *Bohrbetriebsplan* einzureichen, in dem die Bohrung und das Bohrgerät beschrieben und die bergrechtlich verantwortlichen Personen benannt werden.

Bei der Planung des Bohransatzpunktes sind unter Umständen Mindestabstände zu Verkehrsflächen und Gebäuden einzuhalten. Auf jeden Fall ist der Verlauf eventuell vorhandener Ver- oder Entsorgungsleitungen festzustellen. Soll die Bohrung zu einer Grundwassermeßstelle ausgebaut werden, ist der Bohransatzpunkt so zu wählen, daß fahrlässige oder mutwillige Beschädigungen weitgehend ausgeschlossen sind.

Nach Festlegung des Bohransatzpunktes ist auf dem Verhandlungsweg die Einwilligung des Grundeigentümers zur Grundüberlassung in Form eines *Nutzungsvertrages* mit Festlegung der Nutzungsentschädigung einzuholen.

Zur *Planung* (Aufstellen von Leistungsverzeichnissen), Durchführung und Abrechnung von Bohrleistungen sei an dieser Stelle auf die

- DIN 18 301 (1988) VOB Verdingungsordnung für Bauleistungen, Teil C: Allgemeine Technische Vertragsbedingungen für Bauleistungen; Bohrarbeiten

hingewiesen. Nicht zu vergessen sind bei der Planung *Sonderleistungen* wie

- Transport und Entsorgung von Bohrgut und Bohrspülung sowie
- Ziehen von Verrohrungen, Verfüllen der Bohrungen und Rekultivierung des Bohrplatzes.

Arbeitssicherheit

Häufig wechselnde Einsatzorte und Arbeitsbedingungen im Freien und die Notwendigkeit, unvorhergesehene Probleme durch Improvisation lösen zu müssen, bedeuten für den in der Bauwirtschaft und bei Bohrunternehmen beschäftigten Personenkreis erhöhte *Unfallgefahr*. Arbeiten in kontaminierter Umgebung erhöhen diese Unfallgefahr deutlich und erfordern zusätzliche Schutzmaßnahmen. Eine besondere Gefahr bei der Durchführung von Bohrungen auf und am Altablagerungskörper stellt die des möglichen direkten Kontaktes mit festen, flüssigen und gasförmigen Schadstoffen dar. Deswegen sind hier strenge Sicherheitsvorkehrungen zu treffen:

- Historische Recherchen geben Auskunft über die Inhaltsstoffe der Altablagerung insgesamt und damit über ihr toxisches Potential.
- Durch Auswertung von Planunterlagen läßt sich der Verlauf eventuell vorhandener Ver- oder Entsorgungsleitungen feststellen. Bei Bohrungen in bebautem Gebiet empfielt es sich aus Gründen der Sicherheit, bis in 1,3 m Tiefe vorzuschachten.
- Bei der Erstellung der Leistungsbeschreibung sind die erforderlichen Schutzmaßnahmen (Schutzzonen, Reinigungsanlagen) zu beschreiben. Der Bohrplatz sollte gegen unbefugtes Betreten gesichert und bewacht sein.
- In Abhängigkeit von den festgelegten Schutzzonen und den beabsichtigten Arbeiten sind die Schutzausrüstungen für Personen (Schutzkleidung, Atemschutz) festzulegen und geeignete Reinigungsmöglichkeiten für Personal, Schutzkleidung und Gerätschaften vorzusehen.
- Die Baumaßnahmen sind durch meßtechnische Überwachung zu begleiten. Eventuell sind weiterführende technische Maßnahmen wie Bewetterung oder Zuführung von Inertgas (Stickstoff, Kohlendioxid) zu ergreifen.
- Für den beteiligten Personenkreis sind alle erforderlichen arbeitsmedizinischen Maßnahmen durchzuführen.
- Die Bohrarbeiten sind, ganz besonders im Bereich von Altablagerungen, von fachlich geschultem Personal zu leiten und zu beaufsichtigen. Alle auf der Bohrung tätigen Personen sind über die Gefahren und das Ziel des Bohrvorhabens aufzuklären.
- Bei der Durchführung von Bohrungen in kontaminierten Bereichen sind die entsprechenden Bestimmungen der Tiefbau-Berufsgenossenschaft (TBG) zu beachten.

Detaillierte Hinweise zu Schutzmaßnahmen im Zusammenhang mit Altlasten sowie Handlungsanleitungen nebst Richtwerten, Vorschriften, Regeln und Merkblättern geben Burmeier et al. (1995).

Um die *Verschleppung* möglicher *Kontaminationen* zu verhindern, sollte das Bohrgut grundsätzlich in abdeckbaren, dichten Containern zwischengelagert werden. Bohrungen sollten nach Beendigung der Untersuchungsarbeiten möglichst bald wieder verfüllt werden. Was die Eignung der beschriebenen Bohrverfahren für die Erkundung von Altlasten und besonders für Bohrungen auf und am Ablagerungskörper bezüglich der Arbeitssicherheit angeht, können nach den bisherigen Ausführungen nur wenige generalisierende Aussagen getroffen werden. Ansonsten ist das geeignete Bohrverfahren in Abhängigkeit von der Zielsetzung der Bohrung und der Art der Altlast jeweils in Zusammenarbeit mit einem erfahrenen Bohrunternehmen abzustimmen.

- Bei Spülbohrungen mit Wasser oder wasserbasischer Spülung als Spülmedium muß neben dem geförderten Bohrgut auch die Spülung *entsorgt* werden. Damit fallen unter Umständen erhebliche Mengen *kontaminierter Stoffe* an. Bei Bohrungen in gasführender Umgebung sind die Bestimmungen zum Explosionsschutz („Ex-Schutz") zu beachten. Hier kann eine beschwerte Spülung zwar zur Kontrolle der Gase („flüssige Verrohrung") benutzt werden, das Spülungszirkulationssystem übertage erfordert jedoch aufwendige *Entgasungsanlagen*. Wird mit Luft gebohrt, muß diese abgesaugt und so weit verdünnt werde, daß keine Gefährdung durch toxische Gase besteht.
- Bei Trockenbohrungen sollten in entsprechender Umgebung nur Werkzeuge eingesetzt werden, die keine Funken erzeugen. Die Bohrungen sollten zur *Reduzierung der Schadstoffmengen* möglichst geringe Durchmesser haben und in einem Verfahren abgeteuft werden, das das Nachführen von Verrohrungen erlaubt, da offene Bohrlöcher wie Gassammelschächte wirken.

Dokumentation
Wichtig für die spätere Auswertung ist neben der Angabe der genauen räumlichen Lage der Bohrung und ihrer Bezeichnung die Dokumentation des technischen Ablaufs und der charakteristischen Bohr- und gegebenenfalls Spülungsparameter in Abhängigkeit von der *Bohrlochtiefe*. Hiermit ist grundsätzlich die über die Seil- oder Bohrstranglänge ermittelte *„Bohrmeisterteufe"* (Tiefe entlang des Loches) gemeint, die weder durch Bohrlochabweichungen noch Bohrstranglängungen verursachte Teufendifferenzen berücksichtigt. Auch ist zu dokumentieren, ob sich die Teufenangaben auf die Geländeoberkante oder, wie bei Rotaryanlagen häufig üblich, auf „Oberkante Drehtisch" beziehen.

Für diese zeitliche und technische Dokumentation, aber auch als Abrechnungsgrundlage, hat der verantwortliche Bohrmeister *Tagesberichte* über die Aktivitäten auf der Bohrung zu führen. Diese Formulare enthalten neben der Bezeichnung der Bohrung und den Daten zu ihrer Lage (Hoch- und Rechtswert, Höhe in Bezug auf NN), dem Datum und der aktuellen Bohrlochteufe Angaben zu

- Zeiten und *Aktivitäten auf der Bohrung* (Bohren, Ein- und Ausbau, Verrohrungsarbeiten, Richtbohrarbeiten, Fangarbeiten, Reparaturen, Bohrlochmessungen),

Geologische Aufschlußmethoden

- Werkzeugdurchmesser, Typ, Nummer, Leistung, Verschleißbild,
- charakteristischen *Bohr- und Spülungsparametern* und
- Zusammensetzung des *Bohrstranges* sowie Absetzteufen und Abmessungen von *Verrohrungen*.

2.3.5 Auswertung

2.3.5.1 Qualität fester Proben in Abhängigkeit vom Bohrverfahren

Die Beprobung von Bohrgut/Bohrklein dient der Gewinnung von möglichst *repräsentativem* und *teufengenauem Probenmaterial*

- zur Bestimmung der Gesteine und Ermittlung der Gesteinsabfolge des zu untersuchenden Untergrundes und
- für analytische Zwecke.

Die geschilderten Bohrverfahren erfüllen die hierfür zu stellenden Anforderungen wegen der Art der Bohrgutförderung unterschiedlich gut:

Greiferbohrungen, trocken ohne Kerngewinn
Mit *Greifern* lassen sich teufengerechte gestörte Proben aus Sanden und Kiesen über und unter dem Grundwasserspiegel gewinnen. Hindernisse (Bauschutt, Sperrgut) stellen kein Problem dar. Die Entnahmetiefe der Proben wird durch die Seillänge bestimmt. Die Probenahme kann pro Greifer oder pro Teufenintervall erfolgen.

Schlagbohrungen, trocken ohne Kerngewinn
Ventilbohrer werden ausschließlich zur Förderung von Sand und Kies unter Wasser eingesetzt. Ihre Arbeitsweise bedingt eine Sortierung des Materials nach der Korngröße beim und nach dem Eindringen, so daß nur unvollständige und stark gestörte Proben anfallen, denen auch über die Kontrolle der jeweiligen Kabellänge keine eindeutigen Entnahmeteufen zugeordnet werden können. Es lassen sich also nur großvolumige Mischproben pro Einsatzintervall gewinnen
  Schlagschappen erlauben die Gewinnung durchgehender gestörter Proben aus Schluffen und Tonen, teilweise auch unter dem Grundwasserspiegel. Die Entnahmeteufe der Proben läßt sich über die Seillänge relativ genau ermitteln und beim Entleeren der Schlagschappen berücksichtigen.

Rammbohrungen, trocken mit Kerngewinn
Mit *Rammkernrohren* können in tonigen und sandig-kiesigen Böden ohne grobe Einlagerungen teufengenaue Bohrkerne guter Qualität gezogen werden. Die Teufenlage des Kernintervalls erfolgt über die Kontrolle der Seillänge. Die

Bohrkerne repräsentieren (bei vollständigem Kerngewinn) die gesamte Gesteinsabfolge und erlauben eine sehr detaillierte Gesteinsansprache. Sie sind chemisch *nicht durch Spülung beeinflußt* und auch physikalisch, zumindest im Inneren, *unbeansprucht.*

Drehbohrungen, trocken ohne Kerngewinn
Mit *Drehschappen* und *Kübelbohrern* lassen sich aus Sanden und Tonen, teilweise auch im Grundwasser, durchgehende Proben erzielen, deren ursprüngliche Lagerungsverhältnisse allerdings durch die schälende Arbeitsweise der Geräte gestört sind. Die geschlitzten Typen erlauben eine relativ gute Teufenzuordnung und Beschreibung des Probenmaterials vor der Entnahme.

Schneckenbohrer finden in bindigen Böden mit Einlagerungen von Sanden, Kiesen und Geröllen und mittelhartem Gestein über dem Grundwasserspiegel Verwendung. Sie liefern durchgehende gestörte, relativ teufengenaue Proben. Es ist zu bedenken, daß das Bohrgut beim Ausbau zum Entleeren durch Kontakt mit der Bohrlochwand und beim Wiedereinbau durch Nachfall kontaminiert werden kann.

Für die in zähen Böden einsetzbaren *Spiralbohrer* gilt entsprechendes.

Drehbohrungen, trocken mit Kerngewinn
Mit *Hohlbohrschnecken* können in Tonen und Sanden, teilweise auch im Grundwasser, teufengenaue Bohrkerne guter Qualität gezogen werden. Die Teufenlage des Kernintervalls erfolgt über die Kontrolle der Seillänge. Die Bohrkerne repräsentieren (bei vollständigem Kerngewinn) die gesamte Gesteinsabfolge und erlauben eine sehr detaillierte Gesteinsansprache. Sie sind chemisch *nicht durch Spülung beeinflußt* und auch physikalisch, zumindest im Inneren, *unbeansprucht.*

Drehbohrungen, direkt spülend ohne Kerngewinn
Die in allen Gesteinen mit unterschiedlichen Werkzeugen (*Flügelmeißel, Stufenmeißel, Zahnmeißel, Warzenmeißel, Diamantmeißel* in wasserbasischer Spülung oder Luft) einsetzbaren Spülbohrverfahren sind dadurch gekennzeichnet, daß das Bohrgut/Bohrklein während des Bohrens ohne Ausbau des Bohrwerkzeugs kontinuierlich durch eine zirkulierende Spülung zutage gefördert wird. Diesem Vorteil stehen folgende Nachteile gegenüber:

- Das Bohrgut/Bohrklein wird mit einer zeitlichen Verzögerung *(Lag Time)* zutage gefördert, die mit der Tiefe des Bohrloches zunimmt.

- Während des Aufstiegs im Ringraum (s. Kap. „Spülung") erfährt das Bohrklein durch *Schlupf* eine gewisse Sortierung nach Größe, Form und Dichte. Das führt dazu, daß Probenmaterial aus einer bestimmten Tiefe an der Probenahmestelle übertage verschleppt (mehr oder weniger stark gestört) erscheint, was die *Teufenzuordnung* erschwert.
- Probenahme wie Gesteinsansprache von Bohrklein erfordern entsprechende Erfahrung.
- Die analytischen Möglichkeiten (Tabelle 3) an Bohrklein sind im Vergleich zu Bohrkernen stark eingeschränkt.
- *Größe und Form von Bohrklein* sind abhängig vom erbohrten Gestein und vom verwendeten Werkzeug. Diamantwerkzeuge erzeugen zumeist *Bohrmehl*, das selbst mikroskopisch nicht mehr auswertbar ist.
- Das Bohrklein ist durch den Bohrvorgang physikalisch und durch die Spülung häufig chemisch *beeinflußt*.
- Die unmittelbare Umgebung des Bohrloches wird durch Infiltration von Spülung in Abhängigkeit von Durchlässigkeiten und Wegsamkeiten mehr oder weniger stark *kontaminiert*.
- Ein Grundwasserspiegel ist beim Bohren mit wasserbasischer Spülung nicht erkennbar.

Tabelle 3. Durchführbarkeit von Untersuchungen an Bohrkernen und Bohrklein (Festgestein); + möglich, o eingeschränkt möglich, - nicht möglich

Parameter	Bohrkerne	Bohrklein
Ungestörte Gesteinsansprache	+	o
Strukturelle Untersuchungen	+	+
Dichte	+	+
Porosität/Permeabilität	+	-
Elektrische Leitfähigkeit	+	-
Wärmeleitfähigkeit	+	-
Suszeptibilität	+	+
Nat. remanente Magnetisierung	+	-
Nat. Radioaktivität	+	+
Seismik Vp/Vs	+	-
Mineralogischer Stoffbestand	+	o
Chemischer Stoffbestand	+	o

Drehbohrungen, direkt spülend mit Kerngewinn

Während des Kernens mit *Rollenbohrkronen* wird häufig zusätzlich das anfallende Bohrklein beprobt, da erst nach der Bergung des Kernes feststeht, ob und wieviel *Kerngewinn* erzielt werden konnte. Beim Einsatz von *Diamantbohrkronen* oder *Hartmetallbohrkronen* (s. Kap. „Kernkronen") fällt dagegen kein Bohrklein an. Bezüglich des Bohrkleins und der Spülung gelten die oben („Drehbohrungen, direkt spülend ohne Kerngewinn") gemachten Anmerkungen.

Mit *Doppel-* oder *Dreifachkernrohren* (s. Kap. „Kernen im Rotaryverfahren" und „Seilkernverfahren") erbohrte teufengenaue und bei Bedarf sogar orientierte *Bohrkerne* (s. Kap. „Orientierte Bohrkerne") sind für alle wissenschaftlichen Untersuchungen (Tabelle 3) das ideale Probenmaterial, da sie (bei vollständigem Kerngewinn) die gesamte Gesteinsabfolge repräsentieren, zumindest im Inneren physikalisch *unbeansprucht* und, je nach Gestein und verwendeter Spülung, auch chemisch weitgehend *unbeeinflußt* sind. Die verschließbare PVC-Hülse des Dreifachkernrohres sorgt für eine optimale *Konservierung des Bohrkerns*, während alle offenen Systeme das rasche Entweichen flüchtiger Komponenten begünstigen.

Drehbohrungen, indirekt spülend ohne Kerngewinn

Auf die indirekten Spülverfahren bei Verwendung von *Wühlbohrern*, *Flügelbohrern* oder *Großlochrollenmeißeln* in weichem bis hartem Gestein treffen die oben gemachten Anmerkungen („Drehbohrungen, direkt spülend ohne Kerngewinn") ebenso zu. Der *Schlupfeffekt* wird durch den gleichzeitigen Einsatz von wasserbasischer Spülung und Luft sowie das breite Kornspektrum zusätzlich verstärkt, die *Teufenzuordnung* der Proben dadurch weiter erschwert (s. Kap. „Lufthebeverfahren").

Schlagdrehbohrungen, direkt spülend ohne Kerngewinn

Für Schlagdrehbohrungen mit *Warzenmeißeln* als spülende Bohrverfahren ohne Kerngewinn gilt grundsätzlich ebenfalls das bereits oben für „Drehbohrungen, direkt spülend ohne Kerngewinn" Gesagte.

Verdrängungsbohrungen, trocken ohne Probengewinn

Verdrängungsbohrungen mit geschlossenen Bohrspitzen verdrängen Material, fördern es also nicht. Es fällt kein Probenmaterial an.

2.3.5.2 Probenahme

Alle Probenahmen sollten grundsätzlich von geschultem und mit der Probenahmetechnik und Analytik vertrautem Personal ausgeführt oder zumindest beaufsichtigt werden.

Geologische Aufschlußmethoden

Trockenbohrverfahren ohne Kerngewinn

Bei den Trockenbohrverfahren wird das Bohrgut mit dem Bohrwerkzeug *(Greifer, Ventilbohrer, Schlagschappen, Drehschappen, Schneckenbohrer, Spiralbohrer)* direkt zutage gefördert und kann hier relativ teufengenau beprobt werden. In jedem Fall sind für die räumliche Auswertung die Entnahmetiefen punktueller Proben sowie die Entnahmeintervalle von repräsentativen Mischproben festzuhalten. Für eventuell erforderliche Wiederholungsmessungen sollten *Rückstellproben* genommen und archiviert werden.

Bohrgutbehandlung und -beschreibung

Die Probenahme sowie die Benennung und Beschreibung von Bohrgut und das Erstellen von Schichtenverzeichnissen regeln die Normen DIN 4021 (1990) und DIN 4022, Teil 1 (1987).

Trockenbohrverfahren mit Kerngewinn

Bei den Trockenbohrungen mit Kerngewinn unter Verwendung von *Rammkernrohren* oder *Hohlbohrschnecken* wird nach dem Ziehen des Kernrohres oder Innenkernrohres der Kernschuh mit der *Kernfangfeder* abgeschraubt und der *Kern entnommen* oder, falls nötig, trocken ausgepreßt und in vorbereitete Kernkisten von 1 m Innenlänge gepackt. Stabile Holzkisten haben sich hierfür bewährt: Sie sind leicht herstellbar, preisgünstig, lassen sich gut beschriften und für den Transport mit Deckeln verschließen und *beeinflussen* die Kerne weder chemisch noch physikalisch (magnetisch).

Zur Zeitersparnis und zur Erhaltung der korrekten *Kernabfolge* sollten die Kernkisten folgende Informationen tragen:

- ■ Angaben über „oben" und „unten" auf den Stirnseiten oder einen nach unten weisenden Pfeil auf einer Längsseite und
- ■ ein aufgeheftetes Kunststoffetikett zur Beschriftung mit wasserfestem Filzstift auf der oberen Stirnseite mit allen wichtigen Angaben (Abb. 59).

Bei Verwendung von Innenkernrohren oder Kernhülsen aus PVC werden diese (nicht die Deckel, Verwechslungsgefahr!) entsprechend markiert und beschriftet und beidseitig mit Deckeln verschlossen.

Kernbehandlung und -beschreibung

Vor der Kernbeschreibung werden alle *Kernstücke* eines *Kernintervalls* zusammengefügt und der *Kerngewinn* bestimmt. Entspricht dieser nicht dem gekernten Intervall, muß, sofern keine anderen Anzeichen vorliegen, angenommen werden, daß der *Kernverlust* am Ende des Kernmarsches (unten) stattgefunden hat. Der Kerngewinn wird in Zentimetern und Prozent des gekernten Intervalls angegeben.

Die Benennung und Beschreibung von Bohrkernen im Lockergestein, das Erstellen von Schichtenverzeichnissen und Logs und deren zeichnerische Darstellung regeln die Normen DIN 4022, Teil 3(1982) sowie die DIN 4023 (1984).
Die lithologische Beschreibung von Bohrkernen sollte in Anlehnung an die Beschreibung von Bohrklein nach den dort aufgeführten Kriterien erfolgen.

Spülbohrverfahren ohne Kerngewinn

Die Wichtigkeit einer fachgerechten Probenahme, sorgfältigen Probenbehandlung und genauen Probenuntersuchung kann angesichts der Kosten solcher Bohrungen gar nicht genug betont werden. *Repräsentatives* und *teufengenaues Bohrklein* ist hier durch nichts zu ersetzen.

Alle Spülbohrverfahren mit wasserbasischer Spülung oder Luft, direkt oder indirekt, sind dadurch gekennzeichnet, daß das Bohrklein kontinuierlich, aber zeitverzögert (Lag Time) und mehr oder weniger entmischt (Schlupfeffekt) übertage auftaucht. Beide Effekte können jedoch durch eine sorgfältige Probenahme und lithologisch-stratigraphische Interpretation beherrscht werden.

Es ist dafür zu sorgen, daß sich das Bohrklein des zu beprobenden Intervalls an der Beprobungsstelle (Absetzrinne, Senkkasten, Schüttelsieb) möglichst *repräsentativ* ansammeln kann, damit es zum Zeitpunkt der Beprobung durchmischt und in der gewünschten Menge beprobt werden kann. In unverfestigten Sedimenten besteht die Gefahr, daß bestimmte Kornfraktionen verlorengehen oder übersehen werden.

Berechnung der Lag Time/des Ringraumvolumens

Unter der Lag Time versteht man die Zeit, die die Spülung benötigt, um das Bohrklein aus einer bestimmten Tiefe von der Bohrlochsohle bis zur Probenahmestelle (Absetzrinne, Schüttelsieb) zu transportieren. Sie ist abhängig vom Spülungsvolumen im Ringraum (und damit natürlich von der Bohrlochtiefe) und der Pumprate. Da sich der Spülungsfluß jedoch während des Aufstiegs der Probe ändern oder (durch Nachsetzen einer Stange) ganz zum Stillstand kommen kann, benutzt man statt der Lag Time das insgesamt zu verpumpende Spülungsvolumen im Ringraum und kontrolliert dieses über Pumpenhubzähler, da exakt arbeitende magnetinduktive Durchflußmesser an Bohrgeräten und Bohranlagen üblicherweise nicht verwendet werden. Konkret heißt das: Bei Erreichen der Probentiefe werden die Pumpenhubzähler auf „Null" gestellt, nach Erreichen der berechneten Hubzahl wird die Probe an der Probenahmestelle genommen.

Geologische Aufschlußmethoden

Beispiel: Eine Bohrung im Rotaryverfahren hat eine Teufe von 230,0 m (Abb. 54) erreicht. Das Bohrloch ist bis in Teufe 95,5 m verrohrt. Der Innendurchmesser der *Verrohrung* beträgt 40,6 cm (16"). Der Meißeldurchmesser (= theoretischer Durchmesser des unverrohrten Bohrlochs) beträgt 37,5 cm (14 3/4"). Der Bohrstrang enthält 33,3 m Schwerstangen (einschließlich Meißel) mit 25,4 cm (10") Außendurchmesser. Das Gestänge hat 12,7 cm (5") Außendurchmesser. Die Pumprate beträgt 2.800 l/min oder 165 Hübe/min bei einer Förderleistung der zwei laufenden Pumpen von 17,0 l/Hub.

Wie die Abb. 54 zeigt, bilden Bohrloch und Bohrstrang 3 Bereiche unterschiedlicher Ringraumvolumina V_A, V_B und V_C. Da

$$V = \pi \times r^2 \times h = \pi/4 \times d^2 \times h \tag{9}$$

und

$$\Delta V = \pi/4 \times h \times (d1^2 - d2^2) \tag{10}$$

gilt für

$$V_A = \pi/4 \times 955 \text{ dm} \times (4{,}06^2 - 1{,}27^2 \text{ dm}^2) = 95{,}5 \text{ m} \times 116{,}73 \text{ l/m} = 11.148 \text{ l} \tag{11}$$

$$V_B = \pi/4 \times 1012 \text{ dm} \times (3{,}75^2 - 1{,}27^2 \text{ dm}^2)\ 101{,}2 \text{ m} \times 97{,}73 \text{ l/m} = 9.890 \text{ l} \tag{12}$$

$$V_C = \pi/4 \times 333 \text{ dm} \times (3{,}75^2 - 2{,}54^2 \text{ dm}^2) = 33{,}3 \text{ m} \times 59{,}75 \text{ l/m} = 1.990 \text{ l} \tag{13}$$

Das gesamte zu fördernde theoretische Ringraumvolumen ohne Berücksichtigung von Filterkuchen und Ausbrüchen in der Bohrlochwand beträgt demnach

$$V_{A+B+C} = 23.028 \text{ l} \tag{14}$$

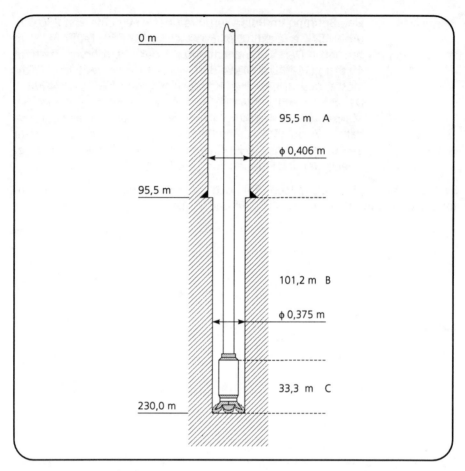

Abb. 54. Beispiel für die Berechnung des Ringraumvolumens einer Bohrung

Bei der angenommenen Pumprate von 2.800 l/min ist dieses Volumen (23.028 l : 2.800 l/min) nach gut 8 min oder (23.028 l : 17 l/Hub) nach 1.355 Hüben beider Pumpen zusammen gefördert.

Gewichte, Dimensionen, Fassungsvermögen und Verdrängungen von Gestänge, Schwerstangen und Verrohrungen sowie alle möglichen Ringraumvolumina sind den einschlägigen Tabellenwerken zu entnehmen.

Da das Ringraumvolumen mit der Tiefe ständig zunimmt, sollte man, um während des Bohrvorganges für die Probenahme jederzeit über die aktuellen Daten zu verfügen, die zur Förderung des Bohrkleins bei gegebenem Bohrlochdurchmesser und konstanter Pumpenleistung benötigte Hubzahl gegen die Bohrlochtiefe vorab berechnen und *graphisch darstellen*.

Geologische Aufschlußmethoden   131

Beispiel: Die im obigen Beispiel vorgestellte Bohrung soll laut Planung mit gleichem Durchmesser und unverändertem Bohrstrangaufbau bis in eine Tiefe von 360 m abgeteuft werden. Dazu muß sie um weitere 130 m vertieft werden. Durch Nachsetzen von Gestänge vergrößert sich gegenüber den in Abb. 54 dargestellten Verhältnissen das Ringraumvolumen lediglich im Abschnitt B; die Volumina in den Abschnitten A und C bleiben gleich. Als Volumenzunahme ergibt sich

$$V_{B'} = 130,0 \text{ m} \times 97,73 \text{ l/m} = 12.705 \text{ l} \qquad (15)$$

Dieses zusätzliche Volumen ist rechnerisch nach weiteren 747 Hüben gefördert. Damit ergibt sich für die vorgesehene Endteufe von 360 m ein theoretisches Gesamtvolumen von 35.733 l oder rund 2.100 Hüben. Durch Auftragen der Hubzahlen gegen die Teufen (230 m/1 355 Hübe, 360 m/2 100 Hübe) ergibt sich eine Gerade (Abb. 55), deren Steigung unter den gegebenen Annahmen das theoretische Ringraumvolumen für jede beliebige Teufe im offenen Bohrloch angibt. Die Steigung der Gerade muß für jeden neuen Bohrlochdurchmesser und bei veränderter Pumpenleistung pro Hub (nach Umrüstungen) neu berechnet werden. Geringfügige Veränderungen der Bohrstrangzusammensetzung bleiben dagegen praktisch ohne Einfluß.

Bohrkleinbehandlung und -beschreibung
Die Behandlung und Beschreibung von Bohrklein und das Erstellen von Schichtenverzeichnissen und *Logs* erfordern große Erfahrung und bohrtechnisches Verständnis.

Je nach Gestein und geplanten Untersuchungen werden die Proben unbehandelt in Tüten oder Schraubdeckeldosen aus High Density Polyethylen (HDPE) abgefüllt oder den Vorgaben entsprechend gewaschen, gesiebt, getrocknet und eingetütet. Beim Waschen von Sanden und Tonen ist darauf zu achten, daß möglichst wenig Material verlorengeht; bei der Abschätzung der Zusammensetzung der Probe ist das ausgewaschene Material zu berücksichtigen. Durch seine Form sicher als *Nachfall* identifiziertes Material aus der Grobfraktion kann verworfen werden. Die Probentüten oder -gefäße sollten zur Zeitersparnis (während Bohrungstillständen) vorbereitet werden. Die Beschriftung erfolgt mit wasserfestem Filzstift und hat alle wichtigen Informationen (Abb. 56) zu enthalten.

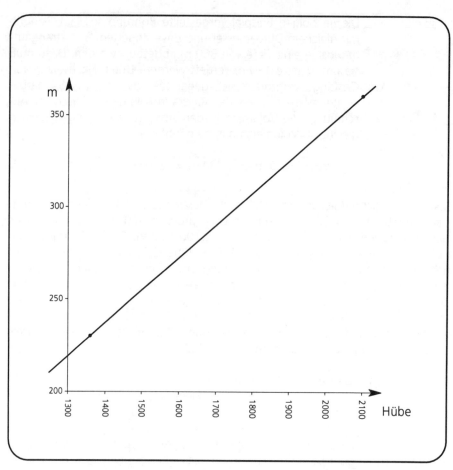

Abb. 55. Entwicklung des Ringraumvolumens (Angabe in Pumpenhüben) gegen die Tiefe (m) bei gleichbleibendem Bohrlochdurchmesser und unveränderter Pumpenleistung

Ziel der Bohrkleinbeschreibung ist es, Gesteinswechsel festzustellen, neu auftretende Gesteine zu identifizieren und aus den in einer Mischprobe über ein Beprobungsintervall nebeneinander auftretenden Proben verschiedener Gesteine die ursprüngliche *stratigraphische* (räumliche und zeitliche) *Abfolge* zu rekonstruieren. Dazu wird in Sieben *gewaschenes Bohrklein grundsätzlich in nassem Zustand* unter dem Mikroskop untersucht, da nur so die Färbung und die Farbsättigung des Gesteins erkennbar sind. Zunächst erfolgt eine *visuelle Abschätzung der* unterschiedlichen *Gesteinsanteile*. Da dunkle Gesteinsanteile dazu neigen, die Gesamtprobe optisch zu dominieren, sollten für diese visuelle Abschätzung speziell dafür geschaffene Vergleichsbilder (Abb. 57) zu Hilfe genommen werden.

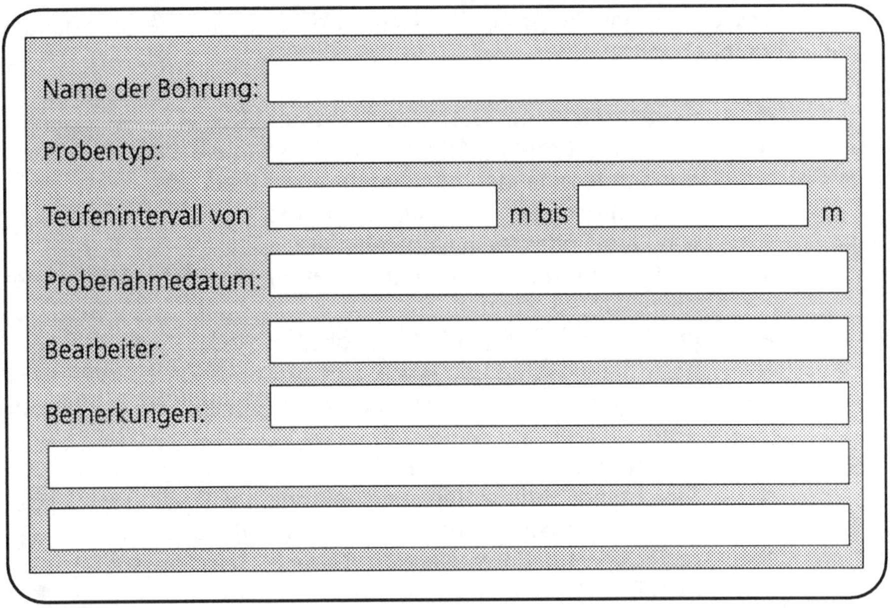

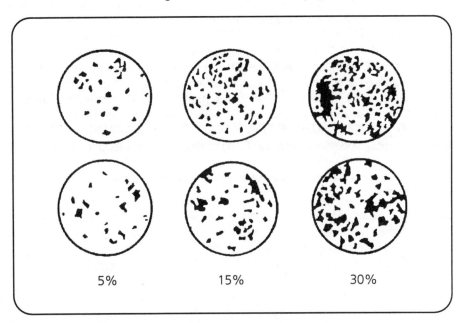

Abb. 56. Beschriftung von Probentüten und -gefäßen

Abb. 57. Vergleichsbilder für die visuelle Abschätzung prozentualer Gesteinsanteile, Ausschnitt. (Aus Whittaker 1985 a)

Nach der Festlegung der Prozentanteile werden die Gesteine nach folgenden Kriterien beschrieben:

- Gesteinsname mit Gesteinssignatur und Kürzel,
- sichtbare Porosität, Angabe des Porenanteils und der Verbindung untereinander mit Signatur und Kürzel,
- Farbe des nassen Gesteins mit Kürzel und, bei Verwendung von Farb-Codes, dem Farbschlüssel,
- Textur (Korngröße, Sortierung, Rundungsgrad, bei Karbonaten Kristallgröße), Kürzel,
- Bruchform, bei Tonen Quellfähigkeit, Kürzel,
- Verfestigungsgrad und Härte, Signatur und Kürzel,
- Nebengemengteile (Akzessorien wie Glaukonit, Pyrit, Pflanzenreste), Kürzel,
- Fossilführung, Signatur und Kürzel,
- Schichtung, sedimentäre und tektonische Strukturen (Rippelmarken, Schichtlücken), Signaturen und Kürzel sowie
- Anzeichen für Kontamination (Geruch, Reaktion auf Lösungsmittel).

Die Benennung und Beschreibung von Bohrklein, das Aufstellen von Schichtenverzeichnissen und Logs und deren zeichnerische Darstellung regeln die Normen DIN 4022, Teil 1 (1987) und 2 (1981) sowie die DIN 4023 (1984).

Als äußerst hilfreich für eine standardisierte, detaillierte und lückenlose Beschreibung von Bohrklein aus Sedimenten haben sich im Bohrbetrieb für den Feldeinsatz in Folie eingeschweißte, alle notwendigen Begriffe, Signaturen und Kürzel sowie viele nützliche Abbildungen enthaltende Anleitungen in „Ziehharmonikaform" wie der „Tapeworm" der SHELL erwiesen. Zur eindeutigen Beschreibung von Gesteinsfarben ist es zweckmäßig, *Farb-Codes* wie die von der GSA Geological Society of America (GSA) herausgegebene Rock Color Chart zu benutzen.

Hilfe bei der *Gesteinsbestimmung* bieten die in Tabelle 4 beschriebenen *Feldmethoden*.

Tabelle 4. Feldmethoden zur Gesteinsbestimmung

Mittel	Prüfung auf	Reaktion	Bemerkungen
$AgNO_3$ Silbernitrat 10 %ig	Salz	Löslich in H_2O, mit $AgNO_3$ weißer Niederschlag	CMC-Spülung zeigt gleiche Reaktion
$BaCl_2$ Bariumchlorid 10 %ig	Anhydrit, Gips	In H_2O und HCl erhitzen,	Kein Leitungswasser verwenden
HCl Salzsäure 10 %ig		Mit $BaCl_2$ weißer Niederschlag von $BaSO_4$	
CS_2 Schwefelkohlenstoff	Schwere KW[a]	Dunkle Verfärbung	
CCl_4 Tetrachlorkohlenstoff	KW[a]	3 cm Material in Reagenzglas mit 1 cm CCl_4 bedecken, schütteln, nach 20 min Fluoreszenz unter UV-Lampe, bläuliche Fluoreszenz = Dieselöl	
CH_3COCH_3 Aceton	Leichte KW[a]	3 cm Material in Reagenzglas mit 1 cm Aceton bedecken, schütteln, nach 20 min filtrieren, bei Zugabe von aqua dest. milchige Verfärbung	
	Schwere KW[a]	3 cm Material in Reagenzglas mit 1 cm Aceton bedecken, schütteln, nach 20 min Verfärbung von hellgelb bis kaffeebraun, Fluoreszenz unter UV-Lampe	
HCl Salzsäure 10 %ig, kalt	Kalkstein, Kreide, Mergel	Spontanes Brausen	Reaktionsrest in Beschreibung aufnehmen
	Zement	HCl wird gelb	
	KW[a]	Bohrklein in HCl entwickelt Bläschen, steigt auf, bei Ende der Bläschenbildung Absinken	
HCl Salzsäure 10 %ig, warm	Dolomit	Blasenbildung	

Mittel	Prüfung auf	Reaktion	Bemerkungen
HCl Salzsäure 10 %ig rein, H$_2$O, Wasserstoffperoxid 30 %ig	Limonit, Siderit	HCl mit einigen Tropfen H$_2$O$_2$,	Mit gewöhnlicher HCl zeigen alle Fe-Verbindungen Rotfärbung
KSCN Kaliumthiocyanat		Bei Zugabe von KSCN Rotfärbung durch Fe^{+++}	
HCOOH Ameisensäure 5 %ig	Kalkstein	Brausen	
	Dolomit	Keine Reaktion	
HNO$_3$ konz. Salpetersäure	Pyrit, Markasit, Sulfide	Löslich, entwickelt Schwefelgeruch	HNO$_3$ wird gelb,
		In HCl unlöslich	
H$_2$O dest. Wasser	Ton	Zerfällt	Koaguliert bei Erhitzen
	Salz	Geht in Lösung	
	Anhydrit, Gips	Kein Zerfall, keine Lösung	
H$_2$SO$_4$ konz. Schwefelsäure	Anhydrit	Löslich in kalter Säure	Probe zermörsern
	Baryt	löslich in warmer Säure, mit H$_2$O weißer Niederschlag	
Bromoform SG 2,6	Anhydrit	Sinkt	Partikel müssen sauber und trocken sein
	Gips	Schwimmt	
Erhitzung trocken	Anhydrit	Bleibt durchsichtig	
	Gips	Wird undurchsichtig, dunkel	
	KW^a	Bitumengeruch und brauner Niederschlag am kalten Teil des Reagenzglases	
Fingerprobe	Tonanteil in Sand	Ton schmiert	
	Sandanteil in Ton	Sand kratzt	
	Bitumengehalt	Fettgefühl, Fettfleck	

Mittel	Prüfung auf	Reaktion	Bemerkungen
Flammprobe	Asphalt, Gummi, Kohle	Brennen oder Glühen mit typischem Geruch	
	Leichte KW[a]	Bläuliche Flamme	
Glasplatte	Quarz, Quarzit, Quarzsandst.	ritzt Glasplatte	Druck anwenden!
Löschpapier	Bitumengehalt, KW[a]	Fettfleck	
Magnet	Metallspäne	Magnetismus	Limonit ist nicht magnetisch
Messerprobe[b]	Sandanteil in Ton	Scheuert am Messer	
	Tonanteil in Sand	Messer klebt	
Zahnprobe[b]	Ton	Reiner Ton hat kein Korn	
Zungenprobe[b]	Salz	Salzgeschmack	Spülung abwaschen

[a] Das Material sollte frisch und trocken sein. Bohrklein kann auch gewaschen sein.
[b] Nicht an Material von Altlastverdachtsflächen anwenden.

Zu erwähnen ist an dieser Stelle der vom Niedersächsischen Landesamt für Bodenforschung zusammen mit der Bundesanstalt für Geowissenschaften und Rohstoffe herausgegebene *„Symbolschlüssel Geologie"* als Schlüssel für die Dokumentation und automatische Datenverarbeitung geologischer Feld- und Aufschlußdaten. Mit Hilfe dieses rund 5.000 Begriffe umfassenden Symbolschlüssels lassen sich Schichtenverzeichnisse in folgender vorgegebenen Reihenfolge beschreiben:

- Tiefe - Stratigraphie - Petrographie - Genese - Farbe - Zusatz.

Das Schichtenerfassungsprogramm (*SEP*) ermöglicht das Einlesen externer geologischer Daten in die „Bohrdatenbank Niedersachsen" am Niedersächsischen Landesamt für Bodenforschung (NLfB) in Hannover. *Laut Erlaß des Niedersächsischen Umweltministeriums vom 30.04.1990 müssen alle im Rahmen des Altlastenprogramms aufgestellten Schichtenverzeichnisse mit Hilfe des SEP an die Bohrdatenbank Niedersachsen übermittelt werden.*

Ansprechpartner ist das

Niedersächsisches Landesamt für Bodenforschung (NLfB)
Stilleweg 2
30655 Hannover   Tel.: 0511/643-35 64
oder
Postfach 51 01 53
30631 Hannover

Logs
Die Entmischung einer ursprünglich teufenidentischen Probe nach Bohrkleingröße, -form und Dichte während ihres Aufstiegs im Ringraum beeinträchtigt die *Teufenzuordnung* des Probenmaterials. Beobachtungen bei Bohrungen in wechselhaften horizontalen Sedimentabfolgen und Versuche mit festem, dem Bohrklein in Größe, Form und Dichte vergleichbaren Tracermaterial haben jedoch gezeigt, daß neu erbohrtes Gestein selbst in Bohrkleinproben aus großen Tiefen deutlich definiert auftritt, dann allerdings lange verschleppt wird. Man bedient sich deshalb bei der *lithologisch-stratigraphischen Interpretation von Bohrkleinproben* der Technik der „*Lesesteinkartierung":* Wie beim Kartieren auf einem umgepflügten Feld in Hanglage wird die lithologische Grenze dorthin gelegt, wo das eindeutig unten „anstehende" Gestein in seiner höchsten Lage durch wenige Lesesteine angezeigt wird; die Mehrzahl der Lesesteine des eindeutig oben „anstehenden" Gesteins ist durch die Schwerkraft und den Pflug dorthin gelangt.

Lithologische Wechsel drücken sich häufig direkt in Änderungen des Bohrfortschritts (Drilling Breaks) aus. Umgekehrt hilft die *Interpretation der wichtigen Bohrparameter* bei der Erstellung lithologischer Profile und der Anfertigung von Logs.

Der Kopf eines Logs, wie es zur Dokumentation und wissenschaftlichen Auswertung von Tiefbohrungen weltweit Standard ist, enthält als Legende alle wichtigen Daten einer beendeten Bohrung:

- Auftraggeber, Name und Lage der Bohrung,
- Bohrbeginn, Ende und Endteufe,
- Abmessungen der einzelnen Bohrintervalle,
- Abmessungen und Absetzteufen der Verrohrungen,
- verwendete Spülung,
- Signaturen und Kürzel der Gesteine,
- Abkürzungen und Symbole technischer Begriffe sowie
- Namen und Firma des/der bearbeitenden Geologen.

Geologische Aufschlußmethoden

Das Log selbst liefert in Abhängigkeit von der Tiefe folgende Informationen:

- Das Datum der laufenden Bohrung,
- laufende Nummer, Typ, Durchmesser und Bedüsung des verwendeten Meißels, sowie die Beurteilung der Zähne, Lager und des Kalibers nach Einsatzstrecke und Einsatzzeit,
- den Bohrfortschritt ROP in min/m bei festen Bohrparametern WOB, RPM, SPM und PP,
- die Abschätzung der Gesteinsanteile in einer Probe in Abstufungen von 10 %,
- die Rekonstruktion der Gesteinsabfolge unter Berücksichtigung ihrer Bohrbarkeit und eventueller Gasführung,
- den Gasgehalt der Spülung,
- Ergebnisse von Neigungsmessungen,
- die Beschreibung der erbohrten Gesteine,
- die charakteristischen Spülungsparameter und
- besondere Vorkommnisse.

Die einzelnen Säulen des Logs werden während des Bohrens ständig aktualisiert. Die *Rekonstruktion der ursprünglichen Gesteinsabfolge* durch Interpretation der relativen Bohrbarkeit mit einem bestimmten Meißel erfordert besondere Erfahrung. Hilfestellung bei der Rekonstruktion kann hier eine eventuelle *Gasführung* der Bohrspülung geben: Geringe Gasführung spricht für undurchlässiges Gestein (Tonstein), hohe Gasführung für durchlässiges Gestein (Sandstein, Kalkstein). Das Beispiel zeigt, daß auch bei sorgfältiger Arbeit die genaue Tiefenlage und besonders die räumliche Lage von Gesteinsschichten nur durch nachträgliche geophysikalische Meßverfahren festgestellt werden kann.

Die zur Erfassung und Aufzeichnung oder Speicherung der charakteristischen Bohrparameter und, wenn sinnvoll, kontinuierlichen Spülungsentgasung und Gasmessung erforderliche Ausrüstung ist heute auch bei Bohrungen im Bereich von Altablagerungen und Altlasten noch nicht generell vorhanden. Es werden jedoch seitens der Auftraggeber erste Schritte unternommen, auch Flachbohrungen stärker als bisher wissenschaftlich zu betreuen und auszuwerten.

Spülbohrverfahren mit Kerngewinn
Was die Beprobung von Bohrklein während des Kernens mit Rollenbohrkronen, Diamantbohrkronen oder Hartmetallbohrkronen angeht, sei auf die vorangegangenen Kapitel verwiesen.

Kennzeichnung, Behandlung und Beschreibung von Festgesteinskernen

Angesichts der hohen Kosten von Kernbohrungen zur Gewinnung von Probenmaterial für wissenschaftliche Untersuchungen ist es unumgänglich, das Material so zu kennzeichnen, daß Beprobungen klar nachvollziehbar, Analyseergebnisse reproduzierbar und Verwechslungen ausgeschlossen sind. Im folgenden wird eine Vorgehensweise angeboten, die für eine wissenschaftliche Kernbohrung im Festgestein erarbeitet wurde und sich dort bewährt hat.

Bohrungen erhalten neben der Angabe der Hoch- und Rechtswerte und der Höhe in Bezug auf NN einen eindeutigen Namen oder eine Kurzbezeichnung. Das *Teufenintervall* eines einzelnen Kernmarsches beginnt mit der Teufe, in der das Kernen aufgenommen wurde und endet mit der Teufe, in der das Kernen abgeschlossen ist und das Kernrohr/Innenkernrohr ausgebaut wird. Die Teufenangaben beziehen sich, soweit nicht anders vermerkt, auf die Geländeoberkante. *Bohrkerne* einer Bohrung werden durchgehend von oben nach unten numeriert. Der maximal erreichbare *Kerngewinn* wird durch die Länge des *Kernrohres/Innenkernrohres* zuzüglich eines bauartbedingt unterschiedlich langen Kernstückes im *Kernfänger* vorgegeben.

Nach dem Abschrauben des Kernfängers vom Innenkernrohr wird zunächst das Kernstück aus dem Kernfänger am unteren Ende des *Kerntroges*, einer Holzschiene mit V-Profil, in korrekter räumlicher Abfolge ausgelegt. Danach werden alle Kernstücke möglichst schonend aus dem Kernrohr entnommen (ausgeschüttet, hydraulisch oder mechanisch ausgepreßt) und ebenfalls in korrekter Reihenfolge und Richtung im Kerntrog ausgelegt.

Kernstücke, deren Merkmale ein Anpassen erlauben, werden im Kerntrog aneinandergefügt und durch *Referenzlinien* (s. u.) miteinander verbunden. Nicht anpaßbare Kernstücke werden durch *Abstandhalter* (beschriftete Holzbrettchen) sichtbar getrennt, so daß zusammengehörige Kernstücke oder Gruppen zusammengehöriger Kernstücke voneinander unterschieden werden können. *Platzhalter* (beschriftete Holzklötze) markieren die Stellen von *Kernverlusten*.

Jedes dieser Kernstücke und alle Gruppen von *Kernteilstücken* erhalten eine eigene Nummer, wobei die Numerierung innerhalb jedes Kernmarsches analog der Kernmarschnumerierung einer Bohrung durchgehend von oben nach unten erfolgt (Abb. 58). Anpaßbare Kernteilstücke derselben Kernstücknummer werden entsprechend mit Kleinbuchstaben gekennzeichnet. Künstliche Kernteilstücke, die entstehen, wenn ein längeres Kernstück zerbrochen werden muß, um in Kernkisten verpackt werden zu können, werden zusätzlich mit einem K (künstliches Kernteilstück) gekennzeichnet. Der Großbuchstabe zwischen Kernmarschnummer und Kernstücknummer weist auf die *Sektion* (Kiste) des Kernmarsches hin.

Geologische Aufschlußmethoden

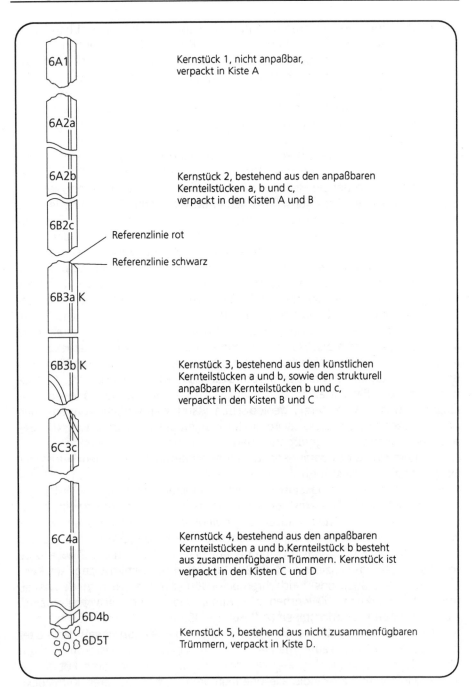

Abb. 58.   Numerierung von Kernmaterial

Gesteinstrümmer, die sich zusammenfügen lassen, werden, mit Klebband oder Kunstharz fixiert, als ganzes Kernstück oder Kernteilstück behandelt. Lassen sich Gesteinstrümmer nicht zusammenfügen, werden sie in Plastiktüten verpackt und diese mit der entsprechenden Kernstücknummer, versehen mit einem T (Trümmer), gekennzeichnet.

Roller sind Kernstücke, die derart gerundet sind, daß eine Orientierung nicht möglich ist. Sie werden wie Kernstücke, jedoch gekennzeichnet mit einem R (Roller), numeriert.

Kernverluste entstehen durch den Bohrvorgang selbst und bedeuten, daß der Kerngewinn, meist lithologisch bedingt, geringer ausfällt als das gekernte Teufenintervall. Ist der Bereich des Kernverlustes nicht identifizierbar, wird er dem Untersten des Kernintervalls zugeordnet. Kernverlustzonen werden wie Kernstücke, jedoch gekennzeichnet mit einem V (Verlust), numeriert. Beschriftet wird ein Holzklotz, der den Kernverlust symbolisiert und neben der Kernstück-Nummer Angaben über Anfangs- und Endteufe des Kernverlustes trägt.

Extrakern entsteht, wenn im Gegensatz zu Kernverlusten mehr Kernmaterial geborgen wird als erbohrt wurde. Das geschieht, wenn ein Teil des Kerns des vorangegangenen Kernmarsches im Bohrloch verblieben ist (Kernverlust im untersten Bereich, Kern oberhalb der Bohrlochsohle abgerissen) und mit dem nächsten Kernmarsch gefördert wird. Der Extrakern befindet sich naturgemäß am Anfang des Kernmarsches (oben). Extrakerne werden wie Kernstücke bzw. Kernteilstücke, jedoch gekennzeichnet mit einem E (Extrakern), numeriert. Der Betrag des Extrakerns wird durch Subtraktion des Kernintervalls vom Kerngewinn ermittelt, der Extrakern durch eine Linie um den Kernumfang gekennzeichnet. Unter besonderen geologischen Randbedingungen können auch *Kernlängungen* auftreten. Ursache hierfür können die Druckentlastung des Gesteins oder auch Quellungsvorgänge sein.

Der Kernverlust des vorangegangenen Kernintervalls ist um den Betrag des Extrakerns zu reduzieren.

Proben aus der Arbeitskalotte des längs geteilten Kerns (s. u.) werden gekennzeichnet durch die Kernstück- bzw. Kernteilstück-Nummer und die Angabe der Teufe. Diese erhält man durch Addition des mittleren Probenabstands zur oberen Teufe des betreffenden Kernstücks/Kernteilstücks. Eine Probe aus dem Kernteilstück 6A2b mit Angabe der entsprechenden mittleren Teufe wäre somit eindeutig identifiziert (z. B. 6A2b - 30,74). Ihre räumliche Lage im Kern ist vor dem Aussägen oder Ausbohren eindeutig (durch einen rechten Winkel, Abb. 60) zu markieren. *Teilproben* (z. B. Mineralseparate) dieser Probe erhalten zusätzlich einen Kleinbuchstaben (z. B. 6A2b - 30,74 s).

Alle bisher beschriebenen Kennzeichnungen des Kernmaterials (Numerierung, Extrakern-Linie, Teufenmarken) sind mit schwarzem, wasserunlöslichem Filzstift deutlich und nicht größer als nötig auszuführen. Die Farbe Rot ist der Referenzlinie vorbehalten, die alle orientierbaren und anpaßbaren Kernstücke und Kernteilstücke eines Kernmarsches verbindet. Eine parallele schwarze Referenzlinie, die immer unterhalb der roten Linie (links der roten Linie in Blick-

Geologische Aufschlußmethoden

richtung Bohrlochsohle) zu verlaufen hat, hält die Orientierung fest. Kernstücke oder Kernteilstücke am Anfang oder Ende eines Kernmarsches, die an den benachbarten Kernmarsch anpaßbar sind, werden zusätzlich mit einem nach unten weisenden roten Pfeil (Abb. 58) markiert.

Nach der Entnahme des Kerns aus dem Kernrohr und dem Auslegen in korrekter Abfolge werden die Kernstücke je nach Gestein und geplanten Untersuchungen noch auf dem Bohrplatz oder nach dem Transport in entsprechend vorbereiteten Transportkisten im Labor trockengewischt oder mit klarem Wasser von der Spülung befreit und, wie beschrieben, zusammengefügt, vermessen, markiert und numeriert. Zum Beschleunigen des Trocknungsvorganges kann ein Fön benutzt werden; zur Vermeidung chemischer Reaktionen sollte er jedoch nur auf Stufe 1 betrieben werden.

Kernstücke, Kernteilstücke, Abstandhalter und Platzhalter für Kernverluste werden in korrekter Reihenfolge und Orientierung in Kernkisten verpackt, wobei jeder Kernmarsch mit einer neuen Kiste beginnt. Jede Kiste ist am Kopfende (oben) mit einem Kunststoffetikett mit wasserunlöslicher Beschriftung nach Abb. 59 zu versehen. Der Großbuchstabe hinter der Kernmarschnummer gibt die Kiste (Sektion) innerhalb des Kernmarsches an.

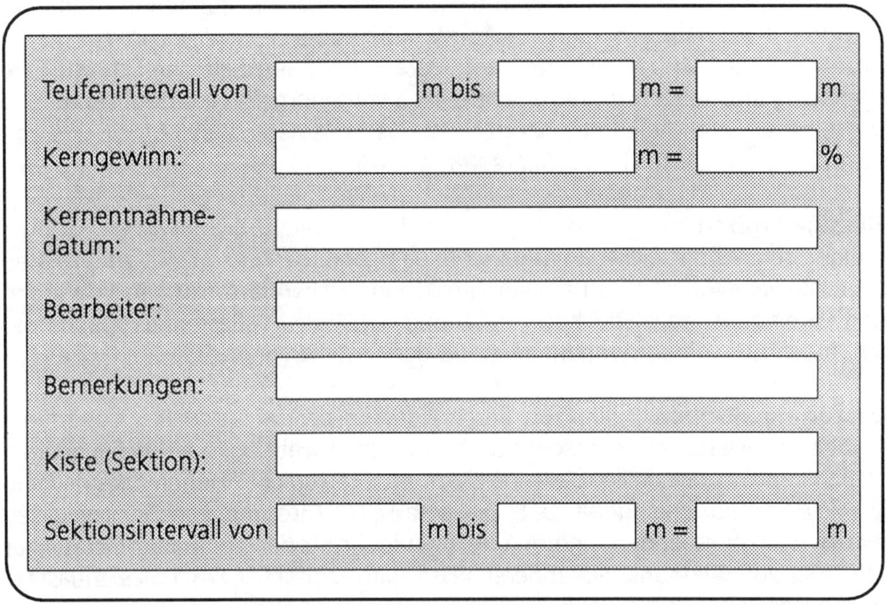

Abb. 59. Etikett zur Beschriftung von Kernkisten

Das *Teilen der Kerne* in Archivkalotte (1/3 Kern) und Arbeitskalotte (2/3 Kern) erfolgt nach dem Anpassen, Markieren und Numerieren der Kernstücke sowie dem Plazieren von Abstandhaltern und Platzhaltern. Dazu ist die Schnittebene für jedes Kernstück so festzulegen, daß besondere Merkmale auf beiden Kalottenteilen repräsentativ vertreten sind. Beschriftung und Markierung sollten möglichst nicht zertrennt werden und auf der Arbeitskalotte liegen. Nach dem Trennen der Kalotten sind alle Markierungen, Numerierungen, Abstand- und Platzhalter auf die abgetrennte Kalotte zu übertragen. Die Übertragungen sollten jedoch niemals auf oder an der Schnittfläche der Kalotte vorgenommen werden, damit sie beim Photographieren möglichst wenig stören.

Das *Photographieren der Kerne* kann vor oder nach dem Trennen in Photokisten erfolgen, die mit Skalen (Maßbändern), Kodierungen für Schwarz-Weiß-Film und Farbfilm, sowie den Beschriftungen nach Abb. 59 versehen sind.

Die Benennung und Beschreibung von Bohrkernen im Festgestein, das Erstellen von Schichtenverzeichnissen und Logs und deren zeichnerische Darstellung regeln die Normen DIN 4022, Teil 2 (1981) sowie die DIN 4023 (1984). Die lithologische Beschreibung von Bohrkernen sollte in Anlehnung an die Beschreibung von Bohrklein nach den dort aufgeführten Kriterien erfolgen.

Nach der detaillierten lithologischen Beschreibung können die Arbeitskalotten zur Beprobung freigegeben werden. Die Archivkalotten werden grundsätzlich nicht beprobt. Die Beprobung erfolgt nach einer Vorschrift, die die Zerstörung einzelner Kernintervalle minimieren soll (Abb. 61). Für die meisten Untersuchungen wird eine etwa 10 mm dicke Scheibe parallel zur Schnittfläche der Kalotte entnommen, die auch zur Anfertigung von Dünnschliffen dienen kann. Das Ausbohren von Minikernen stört das Erscheinungsbild der Schnittfläche nachhaltig und sollte nur in Ausnahmefällen vorgenommen werden. Länge und Durchmesser von Minikernen hängen vom Gesteinsmaterial ab: Grobe und anisotrope Gesteine erfordern größere Kerne.

Flüssige Proben
Bis ins Grund- oder Sickerwasser reichende Bohrungen lassen sich zu Meßstellen ausbauen. Auf den Bau solcher Grund- und Sickerwassermeßstellen wird in Kap. 3 eingegangen. Die Kap. 1.7.1 und 1.8.1 des Altlastenhandbuchs beschäftigen sich mit der Probenahme und der Analytik von Wässern.

Gasförmige Proben
Proben von Deponiegas lassen sich in Bohrungen aus speziell anzulegenden stationären Gasmeßstellen gewinnen. Auf den Bau solcher Deponiegasmeßstellen wird in Kap. 4 eingegangen. Die ambulante Messung von Deponiegasen mittels Bodenluftsonden und Aktivkohleröhrchen oder tragbarer Geräte zur Messung von Methan und anderer Gase wird in Kap. 1.8.3.1 des Altlastenhandbuchs behandelt.

Geologische Aufschlußmethoden 145

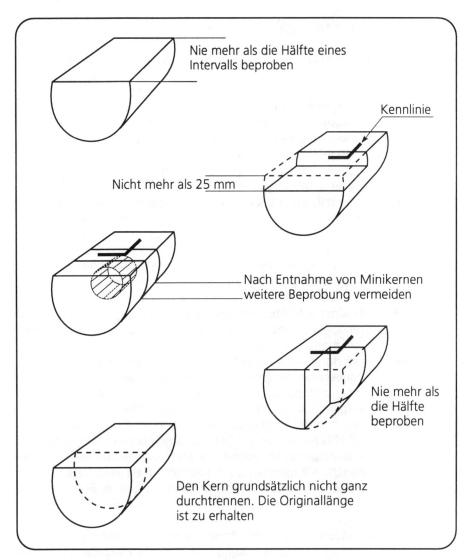

Abb. 60.   Vorschrift zur Beprobung von Kernmaterial

2.3.4 Fehlerquellen

Fehler können bei der Planung, Ausführung und Auswertung von Bohrungen begangen werden:

- Mangelhafte historische Recherchen erhöhen das Risiko der Unkenntnis der Stoffinhalte einer Altablagerung und damit der Unkenntnis deren toxischen Potentials.
- Mangelhafte Auswertungen von Karten und Luftbildern erhöhen die Unsicherheit über die Menge der verborgenen Inhaltsstoffe sowie möglicher Emissionspfade.
- Mangelhafte Planung kann zur falschen Standortwahl von Bohrungen und damit zu falschen Schlüssen und Fehleinschätzungen bezüglich des Gefährdungspotentials einer Altablagerung führen.
- Ungenaue Ausschreibungsunterlagen können über das Gefährdungspotential hinwegtäuschen und zur Wahl eines ungeeigneten Bohrverfahrens führen.
- Mangelhafte Abstimmung zwischen Auftraggeber und ausführender Bohrfirma kann die Auswahl eines ungeeigneten Bohrverfahrens zur Folge haben.
- Unerfahrenheit der Beteiligten im Umgang mit Bohrungen im kontaminierten Bereich und Unkenntnis der bestehenden Gesetze und Vorschriften können bereits in der Planungsphase zu verhängnisvollen Fehlentscheidungen führen.
- Mangelhafte organisatorische Überwachung und wissenschaftliche Begleitung bei der Durchführung von Bohrungen können Informationsverluste und- verfälschungen zur Folge haben. Mangelnde Kommunikation unter verschiedenen auswertenden Wissenschaftlern (beispielsweise im Schichtbetrieb) hat häufig einen „Gesteinswechsel" zum Schichtwechsel zur Folge.
- Mißachtung von Schutzmaßnahmen und mangelhafte meßtechnische Überwachung der Sondierbohrarbeiten können Vergiftungen und nachhaltige gesundheitliche Schädigungen nach sich ziehen.
- Mißachtung von Schutzmaßnahmen und mangelhafte meßtechnische Überwachung der Baumaßnahmen können verheerende Folgen (Explosionen, Vergiftungen, nachhaltige gesundheitliche Schädigungen) haben.
- Ungenaue Probenahme, unsachgemäße Probenbehandlung und unvollständige oder fehlerhafte Probenbeschreibung haben Informationsverluste oder -verfälschungen zur Folge.

2.3.5 Qualitätssicherung

Qualitätssicherung muß bereits in der Planungsphase von Bohrungen auf Altablagerungen beginnen:

- Durch sorgfältige historische Recherchen lassen sich Informationen über zu erwartende Inhaltsstoffe und ihr Gefährdungspotential, ihren Lagerungsort und besondere Vorkommnisse (Brände, Sickerwasseraustritte) ermitteln.
- Sorgfältige multitemporale Auswertungen von Kartenmaterial und Luftbildern ermöglichen die Lokalisierung und Eingrenzung von Verdachtsflächen, die Ermittlung ihrer geschichtlichen Entwicklung und Aussagen über die geologischen und hydrogeologischen Verhältnisse des Untergrundes und somit die gezielte Durchführung von Bohrungen.
- Praktische Hilfe bei der schwierigen Formulierung von Leistungsbeschreibungen für Bauleistungen im Bereich von Altablagerungen und Altlasten bieten die in der Form von Textvorschlägen gehaltenen „Leistungstexte".
- Was den Arbeits- und Emissionschutz angeht, sind bei der Erkundung von Altablagerungen und der Sanierung von Altlasten neben den genannten technischen Vorschriften eine Vielzahl neuer Gesetze und Verordnungen zu beachten, mit deren richtiger Anwendung alle an einer solchen Maßnahme Beteiligten verständlicherweise noch Probleme haben. Es sei an dieser Stelle nochmals auf den von Burmeier et al. (1995) verfaßten Leitfaden hingewiesen.
- Bei der Planung und Durchführung von Bohrungen sind die Vorschriften zur Arbeitssicherheit und Dokumentation sowie die Anweisungen zur Probenahme, Probenbehandlung und Probenbeschreibung zu beachten. Ist die wissenschaftliche Betreuung einer oder mehrerer Bohrungen durch eine einzige Person nicht möglich, muß die gleichmäßige Bearbeitungsqualität durch intensive Kommunikation unter den verschiedenen Bearbeitern sichergestellt werden.
- Nicht zuletzt haben ständige sicherheits- und meßtechnische sowie wissenschaftliche Begleitung der Bohrarbeiten, Aufnahme und Auswertung durch erfahrenes Personal zu erfolgen, um optimale Ergebnisse zu erzielen. Diesem Ziel dient auch die Unterrichtung aller an der Baumaßnahme beteiligten Personen über die Ziele des Projektes und mögliche Gefahren.

2.3.6 Zeitaufwand

Der Zeitaufwand für die Durchführung von Bohrungen läßt sich pauschal nicht seriös angeben. Er ist von einer Reihe von Faktoren abhängig:

- Der Zeitaufwand für Vorlaufarbeiten umfaßt folgende Arbeiten:
  - Die Vorerkundung,
  - das Anzeigen des Bohrvorhabens, bei Bohrungen tiefer als 100 m ein bergamtliches Betriebsplanverfahren,
  - die Festlegung des Bohransatzpunktes in Abstimmung mit dem Bohrunternehmen und das Einholen der Einwilligung des Grundeigentümers,
  - die Festlegung der Vorgehensweise und die Wahl von Bohrverfahren und Bohrgerät in Abstimmung mit dem Bohrunternehmen sowie
  - das Erstellen eines Leistungsverzeichnisses, die Durchführung von Ausschreibung und Auftragsvergabe einschließlich einer angemessenen Frist bis zum Bohrbeginn.
- Die Anzahl, Tiefe und Art der Bohrungen werden von der Problemstellung vorgegeben. Der Zeitaufwand für das Abteufen jeder einzelnen Bohrung hängt von der Beschaffenheit des Untergrundes ab. Werden Hindernisse angetroffen, muß unter Umständen auf ein anderes Bohrverfahren umgestellt werden.
- Weitere bestimmende Faktoren sind Zugänglichkeit und Standsicherheit des Geländes. Befindet sich die geplante Bohrstelle in einem Gebäude, sind den Einsatzmöglichkeiten schwerer Geräte Grenzen gesetzt.
- Natürlich hängt der Zeitaufwand auch von der Wahl des Bohrgerätes ab. Auch ist der Zeitaufwand für das Einrichten des Bohrplatzes, den An- und Abtransport der Gerätschaften, Umsetzen auf der Baustelle, Ziehen von Verrohrungen, Verfüllen und Zementieren von Bohrungen sowie Aufräumungsarbeiten auf dem Bohrplatz und dessen Rekultivierung einzurechnen. Von stationären Bohranlagen soll an dieser Stelle gar nicht erst gesprochen werden.
- Erheblichen Einfluß auf den Zeitbedarf für die Durchführung von Bohrungen und den damit verbundenen sicherheitstechnischen Aufwand hat das Gefährdungspotential der Altablagerung selbst. Dieses ist trotz sorgfältigster Vorbereitung nicht mit Sicherheit vorauszusagen, was die Planung generell problematisch macht. So wird die Vorgehensweise nicht selten von den angetroffenen Verhältnissen bestimmt, was im Extremfall zur völligen Abkehr von der ursprünglichen Planung führen kann.

2.3.7 Kosten

Die Kosten für das Abteufen von Bohrungen lassen sich ebensowenig pauschal beziffern wie der Zeitbedarf, da sie im wesentlichen von den selben unwägbaren Faktoren (Vorlaufarbeiten, Anzahl, Tiefe und Art der Bohrungen, Wahl des Gerätes, Zusammensetzung der Altablagerung, sicherheitstechnischer Aufwand) abhängen. Zudem schwanken die Kosten für Mietgeräte und Personal regional deutlich und unterliegen zeitlichen Veränderungen.

Für das *Ziehen von Verrohrungen, die Verfüllung und Zementation und die Rekultivierung* sind zusätzliche finanzielle Mittel einzuplanen. Zu erwähnen bleiben erhebliche Kosten, die durch Zwischenlagerung, Transport, Behandlung und *Einlagerung von Bohrgut und Spülung* entstehen können, wenn ersteres nicht zur Wiederverfüllung der Bohrung benutzt werden kann oder soll.

Abrechnungsgrundlage nach der Verdingungsordnung für Bauleistungen (VOB) sind die vom verantwortlichen Bohrmeister zu führenden Tagesberichte über die Aktivitäten auf der Bohrung.

2.3.8 Bezugsquellen

Potentielle Auftragnehmer für das Abteufen von Bohrungen sind grundsätzlich alle qualifizierten Bohr- und Brunnenbauunternehmen mit Bescheinigung nach DVGW-Arbeitsblatt W 120 (Deutscher Verein des Gas- und Wasserfaches), in dem die entsprechenden Firmen aufgelistet sind. Da das bewußte Arbeiten in kontaminierten Bereichen unter Einhaltung der Arbeitsschutzmaßnahmen für viele Unternehmen noch das Betreten von Neuland bedeutet, sollten bei der Ausschreibung der Leistungen solche Firmen bevorzugt berücksichtigt werden, die nachweislich Erfahrungen auf diesem Gebiet anführen können und über im Umgang mit Schutzausrüstung und Meßgeräten geübtes Personal verfügen.

Adressen geowissenschaftlicher und geotechnischer Institutionen und Firmen finden sich in der Broschüre „Geopotential in Niedersachsen", herausgegeben von der Niedersächsischen Akademie der Geowissenschaften in Hannover. Dieser Wegweiser ist kostenlos erhältlich bei der Geschäftsführung der Akademie:

Dr. E.-R. Look
Stilleweg 2
30655 Hannover   Tel.: 0511/6432487

Die Leistungstexte sind zu beziehen vom

Fachausschuß Tiefbau
Am Knie 6
81241 München   Tel.: 089/8897500

Weitere Vorschriften und Regeln für Arbeiten auf Altlasten sind zu beziehen vom

Carl-Heymanns-Verlag

Luxemburger Str. 449
51149 Köln   Tel.: 0221/460100

3 Anlage, Bau und Ausbau von Meßstellen

Meßstellen sind nach DIN 4049, Teil 1 (1992) „Lagemäßig festgelegte Stellen zur Messung hydrologischer Größen". Die Art dieser „Meßgrößen" (= Parameter) ist nicht näher spezifiziert, so daß grundsätzlich alle an diesen Anlagen erhobenen Daten hierunter gefaßt werden können. Überwiegend werden darunter jedoch solche Meßgrößen zu verstehen sein, die zur Beurteilung von Eigenschaften des Wassers benötigt werden. Dabei sind zu unterscheiden:

- *Gewässerbeschaffenheit*, die nach DIN 4049, Teil 1 (1992) definiert ist: „Durch physikalische, chemische und biologische Kenngrößen sowie beschreibende Begriffe *wertneutral* angegebene Eigenschaften eines Gewässers",
- *Wassergüte*, die definiert ist als: „Nach vorgegebenen Kriterien bewertete Wasserbeschaffenheit" (z.B. Schutzziele, Nutzungsansprüche).

Während also die Wasserbeschaffenheit als weitgehend wertneutrale Kennzeichnung zu verstehen ist, impliziert der Begriff Güte bereits eine Wertung des Meßergebnisses.

In der Praxis können 3 Hauptanwendungsbereiche bei der Messung an Meßstellen betrachtet werden (Tabelle 5):

- **B** Messung der chemischen und physikalischen *Beschaffenheit* des Wassers,
- **S** Messung des *Druckzustands* des Wassers (Wasserstand) und
- **M** Messung der *Menge* des Wassers.

Tabelle 5 gibt eine Übersicht über die unterschiedlichen Meßstellen, wie sie zur Kennzeichnung der Wassertypen „Grundwasser", „Sickerwasser", „oberirdisches Wasser" und zusätzlich für „Gas" genutzt werden.

Dabei können die 3 Einsatzbereiche „Altlasten/Deponien/Schadensfälle", „privat/ kommunal/industriell" und „Wasserwirtschaft" differenziert werden. In allen diesen Einsatzbereichen werden Meßstellen betrieben, wobei zum Teil unterschiedliche Terminologien zur Beschreibung gleichartiger Anlagen benutzt werden.

Tabelle 5. Typen von Meßstellen und ihre Einsatzbereiche

Einsatz bereich	Meßstellen (Anlagen)	Medium				
		Grundwasser	Sickerwasser	Oberirdisches Wasser		Gas
				Fließend	Stehend	
Altlast/ Deponie	Beobachtungsbrunnen	S B M	-	-	-	(B)
	Kontrollbrunnen	S B M	-	-	-	-
	Anstrombrunnen	S B M	-	-	-	-
	Deponiebrunnen	S B M	S B	-	-	B M
	Sammler	B (M)	B (M)	-	-	B M
privat, kommunal, industriell	Beobachtungsbrunnen	S B	-	-	-	-
	Gartenbrunnen	S (B) (M)	-	-	-	-
	Hausbrunnen	S (B) (M)	-	-	-	-
	Beregnungs- und Weidebrunnen	S (B) (M)	-	-	-	-
	Industriebrunnen	S B M	-	-	-	-
	Schacht	S (B)	-	-	-	-
Wasserwirtschaft	Förderbrunnen, Peilrohr	(S) B M / S B	-	-	-	-
	GW-Meßstelle	S B M	-	-	-	-
	Pegel	S (B)	-	S B M	S B	-

Von den technischen Gegebenheiten her können im Bereich "Altlasten" die folgenden Anlagen als Meßstellen genutzt werden (Abb. 61):

- *Brunnen* werden nach Dörhöfer (1995) verstanden als: „Anlage zur Fassung von Grundwasser im Untergrund, die in der Regel in Bohrlöchern bzw. Schächten installiert wird und aus Rohrmaterial hergestellt wird. In Einzelfällen kann der Ausbau entfallen bzw. auf andere Weise hergestellt werden." Dieser Begriff ist inhaltlich weiter gefaßt als die enge Bedeutung, die dem Begriff in der Wasserwirtschaft (dort nur zur Gewinnung von Grundwasser, DIN 4046, 1983) zugewiesen wird.
- *Schächte* sind ausgebaute (bewehrte) oder unausgebaute Aufgrabungen meist größeren Durchmessers. Die meist vertikalen Zugänge zu Bergwerken werden überwiegend als durch „Tübbing-Säulen" bewehrte Schächte ausgebildet.

Anlage, Bau und Ausbau von Meßstellen

- *Pegel*: diese Meßanlagen an oberirdischen Gewässern dienen der Wasserstandsmessung (DIN 4049, Teil 3,1994). Fälschlich werden gering dimensionierte Brunnen und Grundwassermeßstellen als Pegel bezeichnet; diese Begriffswahl ist zu vermeiden.
- *Sammler*: diese Anlagen sind eingegrabene oder in topographischen Tiefpunkten angeordnete Behälter, die Wasser aus Dränagen oder höher gelegenen Flächen sammeln.

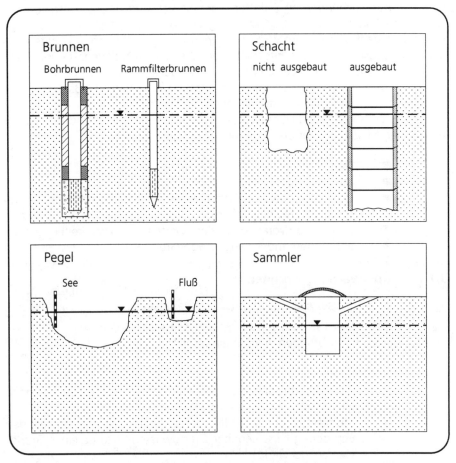

Abb. 61. Technische Anlagen, die als Meßstellen genutzt werden können

3.1 Grundwassermeßstellen

Grundwassermeßstellen an Altlastverdachtskörpern werden einerseits gezielt zur Erkundung, Überwachung und Sanierung der Objekte angelegt, andererseits muß immer auch vorher überprüft werden, ob bereits Anlagen vorhanden sind, die für den jeweiligen Zweck genutzt werden könnten.

Das können Brunnen, Schächte oder auch Pegel an oberirdischen Gewässern (Abb. 62) sein. Solche bereits vorhandenen Anlagen reichen für hydrogeologische Untersuchungen an Altlasten normalerweise nicht aus. Deshalb müssen für die Erkundung und Überwachung von Altlasten meist Überwachungsbrunnen erstellt werden. Im Zuge der Orientierungsuntersuchung sollten aus der Erfassungsphase bereits Informationen über das Vorhandensein von Meßstellen verfügbar sein. Bei der Erfassung der Altablagerungen in Niedersachsen werden z.B. Fragebögen zur Erfassung von „Grundwassermeßstellen" und „Hausbrunnen" genutzt (Altlastenhandbuch Teil 1).

Bei der Erkundung und Überwachung von Altablagerungen und Altstandorten werden Meßstellen für die folgenden Aufgaben genutzt:

- Durchführung von Bohrlochmessungen,
- Messung von Grundwasserständen,
- Ermittlung hydrologischer Kennwerte (Fließrichtungen, Abstandsgeschwindigkeiten),
- Ermittlung hydraulischer Kennwerte (Durchlässigkeiten) sowie
- Beprobung und Sanierung von Grundwasser.

3.1.1 Überwachungsbrunnen

Der Begriff „Überwachungsbrunnen" ist als Sammelbegriff für alle Brunnen zu werten, die zur Überwachung von Altlasten eingesetzt werden.

Als Überwachungsbrunnen werden eingesetzt:

- Bohrbrunnen,
- Rammfilterbrunnen (gelochte Rohre mit einer geschlossenen Rammspitze am unteren Ende) und
- Multilevel-Brunnen (Mini-Kiesbelagfilter zur teufengenauen Beprobung verschiedener Grundwasserhorizonte eines Grundwasserstockwerks).

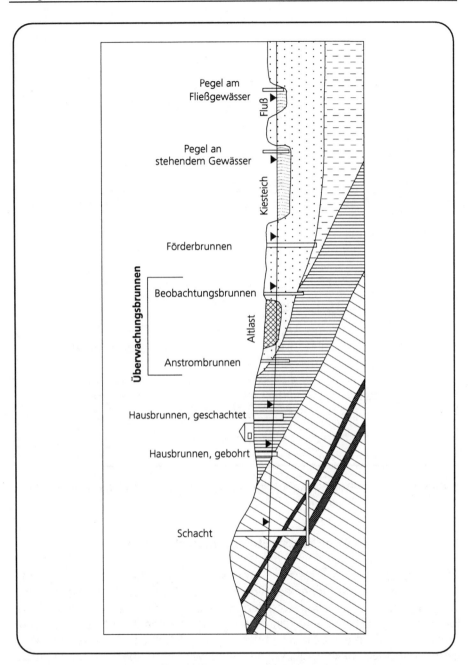

Abb. 62. Grundwassermeßstellen im Umfeld einer Altlast, die zu unterschiedlichen Zwecken genutzt werden können

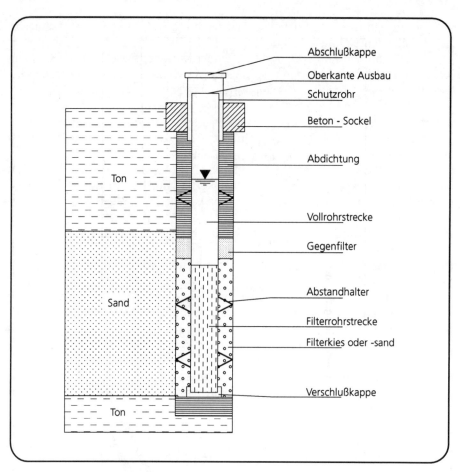

Abb. 63. Prinzipieller Aufbau eines Grundwasserüberwachungsbrunnens an einer Altlast

3.1.1.1 Bau von Grundwasserüberwachungsbrunnen

Nach erfolgter geophysikalischer Vermessung können Bohrlöcher zu Grundwasserüberwachungsbrunnen ausgebaut werden. Der Ausbau ist abhängig von der geologischen Schichtfolge und dem Einsatzzweck der Meßstelle. Abbildung 63 zeigt das Ausbauschema eines fertig ausgebauten Grundwasserüberwachungsbrunnens in einer einfachen geologischen Situation: Ein horizontal gelagerter Grundwasserleiter (Aquifer, hier: Sand) wird nach oben und unten durch Grundwassergeringleiter (hier: Tone) begrenzt.

Im ersten Arbeitsschritt werden die *Rohre* eingebaut. Die Rohre eines Überwachungsbrunnens bestehen im wesentlichen aus Filter- und Aufsatzrohren.

Filterrohre sind gelochte oder geschlitzte Rohre aus Kunststoffen oder Spezialstählen für den Einbau in Grundwasserleitern. Sie sind zur Verschraubung untereinander an den Rohrenden mit Gewinden versehen. Die Gewinde sind entweder als Zapfen und Muffen oder nur als Zapfen ausgebildet. In letzterem Fall werden zum Verschrauben Doppelmuffen benötigt.

Im Bereich oberhalb der Filterrohre werden *Aufsatzrohre (Vollwandrohre)* aus demselben Material bis übertage eingebaut. Filter- und Aufsatzrohre werden beim Einbau miteinander verschraubt, bis in die gewünschte Absetzteufe eingebaut und abgehängt.

Auf den Rohren angebrachte *Zentrierstücke/Abstandhalter* aus Kunststoff oder Spezialstahl sorgen dafür, daß die Rohre zentriert im Bohrloch hängen und damit für die Verfüllung ein gleichmäßiger Ringraum zwischen Bohrlochwand und Rohren erreicht wird.

Eine *Verschlußkappe (Bodenkappe)* aus identischem Material schließt die Rohre nach unten ab.

Zur Vermeidung von Wasserzu- oder austritten müssen die Verbindungen der Aufsatzrohre absolut dicht sein. Da die Rohrverbindungen zur Vermeidung analytischer Fehler nicht verklebt werden dürfen und auch Schmierstoffe nicht verwendet werden sollten, wird diese Forderung, besonders in größeren Tiefen, häufig nicht erfüllt. Abhilfe kann hier durch das Umwickeln der Gewinde mit Teflonband, die Verwendung abdichtender Rollringe in den Verbindern und das Aufziehen von Schrumpfschläuchen geschaffen werden. Die Zahl der Verbinder läßt sich durch Verwendung langer Aufsatzrohre reduzieren.

Sumpfrohre sind ungelochte/ungeschlitzte Rohre mit geschlossenen Böden, die in Trinkwasserbrunnen unterhalb der Filterrohre angeordnet sind und dort dem Absetzen von Trübstoffen dienen. Da diese Trübstoffe Spurenelemente anlagern und auf diese Weise binden und Sumpfrohre zusätzlich als Fallen für schwere, in Phase auftretende Flüssigkeiten wirken können, sollte im Regelfall auf den Einbau von Sumpfrohren in Grundwassermeßstellen verzichtet werden.

Im Bereich des Grundwasserleiters wird der *Ringraum* von der Bohrlochsohle bis mindestens 1 m oberhalb der Filterstrecke mit gewaschenem *Quarzkies/Quarzsand* als *Filtermaterial* verfüllt, um für den Fall späterer Setzungen sicherzustellen, daß kein Material aus der Bohrlochwand oder dem oberen Ringraum in den Filterbereich gelangen kann. Die Verfüllung hat so langsam und sorgfältig zu erfolgen, daß ein sicheres Absetzen des Materials gewährleistet ist. Sie ist durch begleitende Lotungen zu belegen. Eine zusätzliche Kontrollmöglichkeit besteht in der ständigen Bilanzierung von verfügbarem Ringraum und geschütteter Materialmenge unter Berücksichtigung des Bohrlochkalibers.

Kiesbelagfilter sind Filterrohre mit einem werkseitig aufgebrachten Kiesmantel aus gewaschenem Quarzkies, dessen Körner durch Epoxydharz punktförmig miteinander verbunden sind. Sie machen den aufwendigen und teuren Einbau von Filtermaterial in größeren Tiefen überflüssig und kommen bei gleichen Rohrdurchmessern mit geringeren Bohrlochdurchmessern aus.

Zum Schutz des *Quarzsandfilters* vor Einwaschungen von Bentonit oder Zement aus dem Bereich der Abdichtung wird zwischen dem Quarzsandfilter und der Abdichtung eine Sandschicht als *Gegenfilter* eingebaut.

Die *Dichtungswirkung* eines durchbohrten isolierenden Grundwassergeringleiters wird durch sorgfältiges Verfüllen des Ringraums mit quellfähigem *Tonmaterial* wiederhergestellt. Bei der Verfüllung ist darauf zu achten, daß das Tongranulat nicht schon während des Einbaus quillt und im Ringraum „Brücken" bildet. Die Gefahr der *Brückenbildung* wird bei Verwendung von Zentrierstücken durch Hängenbleiben des Tongranulats erhöht. Man ist deshalb bestrebt, Grundwassermeßstellen nur im untersten Bereich (unterhalb der Tondichtung) zu zentrieren. Um trotzdem einen gleichmäßigen Ringraum über die gesamte Bohrlochlänge zu bekommen, sind möglichst absolut vertikale Bohrlöcher erforderlich.

Die Mächtigkeit der abdichtenden Tonschicht sollte zur Vermeidung von Umläufigkeiten mindestens 5 m betragen. Es ist sinnvoll, den gesamten Ringraum über dem Quarzsandfilter abzudichten, da so das Eindringen von Oberflächenwasser in den Ringraum verhindert und eine zusätzliche Abdichtung der Vollrohrverbindungen bewirkt wird. Auf keinen Fall darf Bohrgut zur Auffüllung des restlichen Ringraums verwendet werden. Das inhomogene Material könnte starke Setzungen und (bei Verwendung von Kunststoffrohren) Beschädigungen der Rohre verursachen.

Für große Tiefen oder enge Ringräume werden statt des Tongranulats elastische *Bentonit-Zement-Suspensionen* verwendet, die, wie im Bohrbetrieb üblich, durch Rohre von unten nach oben verpumpt werden müssen, damit die im Bohrloch befindliche Flüssigkeit (normalerweise Wasser) restlos verdrängt wird.

3.1.1.2 Abschlußbauwerke

Nach der Verfüllung des Ringraums wird zur Sicherung des Überwachungsbrunnens übertage das *Abschlußbauwerk* erstellt. Es besteht aus einem feuerverzinkten *Schutzrohr* aus Stahl mit einem Maueranker, welches über das oberste Aufsatzrohr gestülpt in frostbeständigem Beton gegründet ist.

Der Ringraum zwischen Aufsatzrohr und Schutzrohr ist flexibel durch Rollringe abgedichtet. Den Abschluß des Schutzrohres nach oben bildet eine luftdurchlässige *Schraubverschlußkappe*.

Im Regelfall *(Überflurausführung)* werden Überwachungsbrunnen so angelegt, daß das oberste Aufsatzrohr ca. 0,5 m über Geländeoberkante endet (Abb. 64 a), damit es durch Bewuchs und Schnee nicht verdeckt wird. Bei dieser Ausführung sollte das Bauwerk durch ein einbetoniertes Stahlrohrdreieck *(Brunnendreieck)* mit Warnanstrich geschützt werden. Im Bereich von Straßen und Wegen und überall dort, wo die Gefahr der Beschädigung besteht, muß das Abschlußbauwerk in *Unterflurausführung* angelegt und durch eine wasserdichte *Straßenkappe*, die zusätzlich entwässerbar sein soll, geschützt werden (Abb. 64 b). Der Standort von Abschlußbauwerken in Unterflurausführung

Anlage, Bau und Ausbau von Meßstellen

muß auf geeignete Weise kenntlich gemacht werden (etwa durch einen Pfahl), um ein sicheres Auffinden zu gewährleisten.

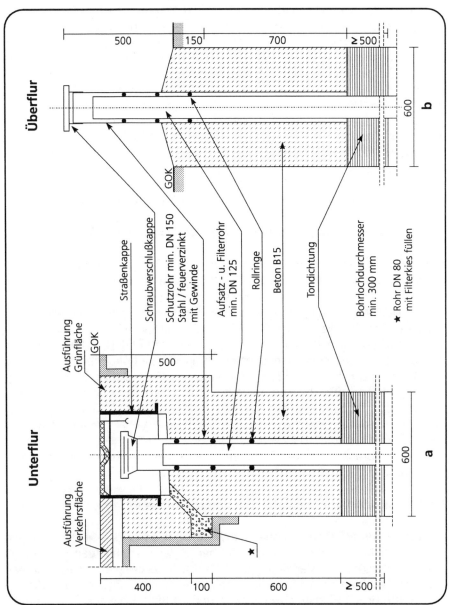

Abb. 64. Ausführung von Abschlußbauwerken an Überwachungsbrunnen. **a** überflur und **b** unterflur (Nach Landesamt für Wasser und Abfall Nordrhein-Westfalen 1989)

3.1.1.3 Reinigung und Klarpumpen

Nach Abschluß der Ausbauarbeiten ist für das Setzen der Filterschüttung und das Quellen oder Aushärten des Dichtungsmaterials eine Frist von mindestens 48 Stunden abzuwarten, bevor mit dem *Klarpumpen* begonnen werden kann. Ziel des Klarpumpens ist es, durch den Bohrvorgang verursachte Verunreinigungen (Gesteinsmehl, Spülungszusätze, Filterkuchen) zu entfernen, sowie Verkeimung der Grundwassermeßstellen und Verfälschung von Meßergebnissen zu vermeiden. Der Grad des Abbaus von Spülungszusätzen während des Klarpumpens ist durch Messung ihrer spezifischen Eigenschaften zu dokumentieren. Das Klarpumpen kann eingestellt werden, wenn die begleitende Messung chemischer und physikalischer Parameter (Abb. 65) belegt, daß eine Veränderung des geförderten Wassers nicht mehr stattfindet. Zur Vorgehensweise beim Klarpumpen und zur Bestimmung des Restsandgehaltes in Brunnen wird auf die Regelwerke W 117 (DVGW 1975) und W 119 (DVGW 1982) verwiesen.

3.1.1.4 Besonderheiten beim Bau von Mehrfachmeßstellen

Mehrfachmeßstellen werden zur Beprobung mehrerer Grundwasserstockwerke an einer Lokation errichtet und zur Ermittlung von Flächen gleicher Potentiale benutzt. Die Ergebnisse sind um so besser, je kürzer die Filterstrecken sind.

Grundsätzlich gelten die Hinweise für den Bau einfacher Überwachungsbrunnen auch für die Anlage von Mehrfachmeßstellen. Der Bau von Mehrfachmeßstellen mit mehreren Rohrtouren in einem Bohrloch erfordert jedoch erheblich größere Bohrlochdurchmesser, damit um die Rohre herum genügend Platz für wirksame Filter- und Dichtungsschichten bleibt. Der Ausbau des „Ringraums" ist besonders schwierig, da jedes Grundwasserstockwerk getrennt verfiltert werden muß. Gering durchlässige Gesteinsschichten müssen im Bereich jedes einzelnen Durchstoßpunktes durch Dichtungsmaterial „repariert" werden und hydraulisch absolut dicht sein.

Das Klarpumpen von Mehrfachmeßstellen sollte zur Prüfung auf hydraulische Kurzschlüsse als Kurzpumpversuch ausgeführt werden.

3.1.1.5 Besonderheiten beim Bau von Multilevel-Brunnen

Der Vorteil von Multilevel-Brunnen (Abb. 66) liegt darin, daß sie mit geringen Bohrlochdurchmessern auskommen und der Materialverbrauch an Rohren, Filter- und Abdichtungsmaterial gering ist. Die Mini-Kiesbelagfilter werden in den gewünschten Positionen mit Teflonschellen an einem Kunstoffrohr (z.B. 2"-Kunststoffrohr mit Filterstrecke) befestigt und ins Bohrloch eingebaut. Sie müssen alle unterhalb des Grundwasserspiegels liegen; ihr Abstand sollte mindestens 1 m betragen. Sie sind zur Beprobung mit separaten Saugschläuchen aus Kunststoff versehen, die übertage in einem Kasten mit Anschlüssen für die

Saugpumpe münden. Dieser abschließbare Kasten dient gleichzeitig als Schutz vor Beschädigung.

Die Verfüllung des Ringraumes erfolgt analog zum Ausbau einer Mehrfachmeßstelle.

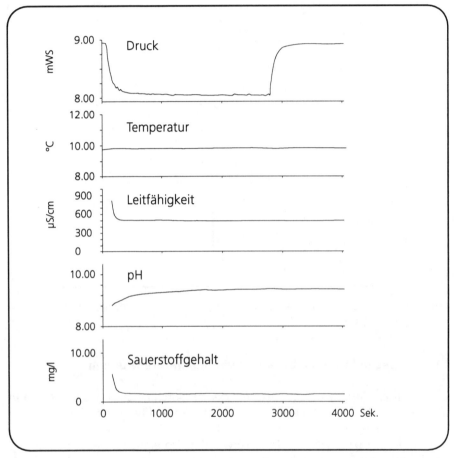

Abb. 65. Meßprotokoll über chemische und physikalische Parameter beim Klarpumpen eines Überwachungsbrunnens

Die Beprobung erfolgt durch einzelnes oder gleichzeitiges Absaugen aller Minifilter, wobei die Förderraten durch die Gesteinsdurchlässigkeiten bestimmt werden. Wegen der Probenförderung durch Saugpumpen ist Wasser nur aus Tiefen von maximal 8 m förderbar; unter entsprechenden Druckverhältnissen (Höhe des ungespannten Wasserspiegels) kann dieses Wasser jedoch aus erheblich größeren Tiefen stammen.

Wenn ein zentrales Kunststoffrohr mit Filterstrecke vorhanden ist, kann es der Messung des Grundwasserspiegels dienen. Ohne dieses sind Multilevel-Meßstellen zur Messung von Wasserständen und für hydraulische Tests ungeeignet.

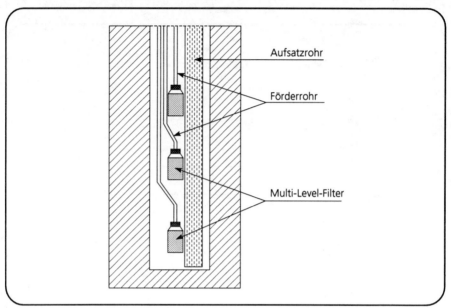

Abb. 66. Schematische Darstellung eines Multilevel-Brunnens (Ausschnitt)

3.1.1.6 Besonderheiten beim Bau von Rammfilterbrunnen

Sie dienen als Grundwassermeßstellen kleiner Durchmesser für geringe Tiefen ohne den in Abbildung 63 gezeigten Ausbau. Rammfilter (Abb. 67) werden in Lockergesteinen oder Altlastenverdachtskörpern für die Entnahme kleinerer Wassermengen bis etwa 7 m Tiefe verwendet. Sie eignen sich zur Beprobung von Grund- und Sickerwasser, für Messungen von Bodenluft und Deponiegas sowie für die Einspeisung von Tracern.

Rammfilter werden in Sondierbohrlöcher oder Bohrlöcher passender Durchmesser eingerammt. Ein Ringraum für den Einbau von Filtermaterial ist nicht vorhanden. In bindigen Böden bestand bei Verwendung geschlitzter Rammfilter die Gefahr, daß sich die Filterschlitze beim Einrammen zuschmierten; deshalb finden heute ausschließlich gelochte Rammfilter Verwendung. Alternativ können Rammfilter auch eingespült werden.

Rammfilter sind zumeist kein Ersatz für qualifiziert ausgebaute Grundwasserüberwachungsbrunnen, stellen aber eine preisgünstige Alternative für Orientierunguntersuchungen und für die erste Probenahme dar.

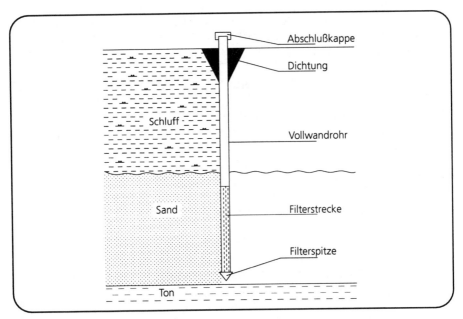

Abb. 67.   Schematische Darstellung eines Rammfilterbrunnens

3.1.1.7 Anforderungen an das Ausbaumaterial

Die Wahl des *Ausbaumaterials* richtet sich nach dem geologischen Profil, den Anforderungen an die Grundwassermeßstelle und die verfügbaren finanziellen Mittel. Zum Ausbaumaterial zählt das Material für

- die *Rohre* (Filterrohre, Aufsatzrohre, Zentrierstücke, Bodenkappe),
- die *Verfüllung* des Ringraums (Filtermaterial, Dichtungsmaterial) und
- das *Abschlußbauwerk* (Schutzrohr mit Dichtungsringen und Schraubverschlußkappe, Beton, Brunnendreieck oder Straßenkappe).

An das *Rohrmaterial* für Brunnen, die der Trinkwassergewinnung dienen, bestehen die Anforderungen, daß es korrosionsbeständig zu sein hat und auch im Spurenbereich keinerlei Stoffe an das Grundwasser abgeben darf. Außerdem muß es gegen mechanische und chemische Beanspruchungen und gegen Temperatureinflüsse resistent sein. Diese Anforderungen werden am besten von Polytetrafluorethylen (PTFE, Teflon) oder Edelstahl erfüllt. Beide Materialien sind jedoch extrem teuer. Gebräuchlichere und kostengünstigere Materialien sind High Density Polyethylen (HDPE) und Polyvinylchlorid (PVC). PVC-U (weichmacherfrei) gibt jedoch nachweislich Spuren von Blei, Cadmium und Kupfer an das Grundwasser ab, PVC-weich zusätzlich sog. „Weichmacher" (Phthalate). Nach DIN 4925 (1990) sind zum Ausbau von Brunnen nur weichmacherfreie PVC zugelassen.

Bei der Erkundung von Altablagerungen und Altstandorten ist der Einfluß des Rohrmaterials auf das zu beprobende Grundwasser wegen dessen häufig ohnehin hoher Belastung mit Schadstoffen von nur geringer Bedeutung.

Gängige *Innendurchmesser (Nennweiten)* sind 2", 2 1/2", 4", 4 1/2" und 5", entsprechend DN50, DN65, DN100, DN115 und DN125. Für den Bau von flachen Überwachungsbrunnen ist meist ein Durchmesser von 50 - 65 mm ausreichend für den Einsatz von

- geeigneten *Unterwassermotorpumpen* (U-Pumpen) für die Probenahme,
- *Sonden* für die Durchführung von Slug-/Bail-Tests zur Ermittlung hydraulischer Parameter und
- *Meßgeräten* zur Erfassung physiko-chemischer Vor-Ort-Parameter.

Überwachungsbrunnen mit Verrohrungen größeren Durchmessers bieten folgende Vorteile bzw. Möglichkeiten:

- Einsatz von Packern bei der Probenahme,
- Einsatz leistungsfähiger Unterwassermotorpumpen, die das Wasser praktisch nicht erwärmen,
- Durchführung von Pumpversuchen und
- Durchführung hydraulischer Sanierungsverfahren.

Für die *Dimensionierung von Bohrungen*, die zu Überwachungsbrunnen ausgebaut werden sollen, gilt als Minimalforderung folgende Faustregel:

Außendurchmesser der Verrohrung + 160 mm = Bohrdurchmesser

Die *Wandstärken* für die Dimensionen DN50 bis DN125 betragen für normalwandige Rohre aus PVC-U etwa 4,0 - 6,5 mm. Für Anwendungsbereiche mit erhöhten Außendrücken und für größere Tiefen (höhere Tragfähigkeiten) sind starkwandige und extrastarkwandige Rohre erhältlich.

Gängige *Längen* von Filter- und Aufsatzrohren sind 1,0 - 6,0 m in Abstufungen von einem Meter. Als Sonderanfertigungen sind Paßstücke lieferbar. *Rohrverbinder* bis etwa DN100 haben einfache Rohrgewinde mit sinusförmigem Profil, größere Durchmesser zumeist Trapezgewinde mit trapezförmigem Profil. Beide Typen weisen im Verbinderbereich (Muffe) einen größeren Außendurchmesser auf (Verengung des Ringraums) als im Bereich des Rohrkörpers. Es sind jedoch auch innen und außen völlig glatte, „nicht auftragende" Verbinder lieferbar. Eine Sonderform stellen die Verbinder in Form zweier Zapfen und ei-

Anlage, Bau und Ausbau von Meßstellen

ner Doppelmuffe mit Dichtungsringen dar, die speziell für dauerhaft dichte Verbindungen entwickelt worden sind.

Rammfilter werden mit Innendurchmessern von 1 1/4", 1 1/2" und 2" (DN35, DN40 und DN50) geliefert. Für die Dimensionen DN35, DN40 und DN50 betragen die Wandstärken etwa 3,3 - 3,7 mm. Der Filterbereich selbst wird aus feuerverzinktem Stahl gefertigt. Als Schutz gegen Versandung der Filterlöcher sind Messinggewebe aufgebracht. Ein Schutzmantel aus demselben Material soll Beschädigungen beim Einbau der Rammfilter verhindern. *Rammfilter* und Verlängerungsrohre werden in Längen von 1 m gefertigt. Die Verbinder sind als beidseitige Außengewinde ausgeführt, die zum Verschrauben eine Doppelmuffe benötigen.

Die *Schlitzweiten* der Filterrohre sind abhängig von der geplanten Körnung des Filtersandes. Je nach Material werden Filterrohre der Dimensionen DN50 bis DN125 mit Schlitzweiten von 0,2, 0,3, 0,5, 0,75, 1,0, 1,5, 2,0 und 3,0 mm gefertigt. Die passende Körnung liegt etwa zwischen den Faktoren 2 und 3 (Schlitzweite 1,0 mm, Filterkieskörnung 2 - 3 mm).

Das zur *Verfüllung des Ringraumes* verwendete *Filter- und Abdichtungsmaterial* sollte für spätere Kontrollmessungen an unterschiedlich intensiven Gamma-Strahlungen (Gamma Ray Log) und/oder Dichten (Gamma Gamma Log) erkennbar sein.

Als *Filtermaterial* für Brunnenfilter schreibt die DIN 4924 (1972) natürlichen gewaschenen *Quarzsand oder Quarzkies* ohne Kornfragmente und Verunreinigungen vor. Das Filtermaterial muß in seiner *Korngrößenverteilung* der Korngrößenverteilung des umgebenden Gesteins entsprechen. Das *Material des Gegenfilters* sollte zum Schutz gegen Einschwemmungen von Ton- und Zementpartikeln eine *geringere Korngröße* aufweisen.

Als *Dichtungsmaterial* kommen alle im Handel befindlichen *Naturtone* und gut quellfähigen *Tongranulate* (z. B. Compactonit, Duranit, Quellon) oder *Bentonit-Zement-Suspensionen* in Frage. Es ist zu beachten, daß die Quellfähigkeit von Tonmaterial durch Salzgehalte von Grund- und Sickerwässern erheblich beeinträchtigt werden kann. Ungeeignet sind unelastische Dichtungsmaterialien, wie reine Zementschlämme: Sie werden bereits beim Abbinden durch Schrumpfung undicht und können Setzungen im Ringraum nicht ausgleichen.

Schutzrohr und *Brunnendreieck* des *Abschlußbauwerks* bestehen aus feuerverzinktem Stahl oder Edelstahl und sind in frostbeständigem Beton der Klasse B15 gegründet. Der Durchmesser des Schutzrohres ist vom Durchmesser der eingebauten Rohre abhängig. Die verschließbare *Schraubverschlußkappe* ist aus Aluminiumguß gefertigt. Die Ausführung einer *Straßenkappe* mit Drainage ist in Abb. 64 b dargestellt.

3.1.1.8 Ausbauüberwachung, Funktionskontrolle und Abnahme

Zur sinnvollen Interpretation von an Grundwassermeßstellen gewonnenen Daten müssen die Charakteristika der Meßstellen selbst bekannt sein. Hierzu dienen

- eine ständige *Überwachung des Ausbaus* von Bohrungen zu Grundwassermeßstellen,
- *geophysikalische Kontrollmessungen* und *Pumpversuche* zur Ermittlung der hydraulischen Parameter nach Fertigstellung der Grundwassermeßstellen sowie
- *Untersuchungen* während des Betriebes der Grundwassermeßstelle.

Nach der Dokumentation der Bezeichnung und der räumlichen Lage (Hoch- und Rechtswerte, Geländehöhe über NN, Oberkante Meßstelle über NN) in der Stammakte (s. Kap. 3.3.1) ist vor Abnahme der Grundwassermeßstelle

- durch hydraulische Tests ihre *hydraulische Funktionsfähigkeit* und
- durch Messungen zur technischen Zustandskontrolle ihr *korrekter Ausbau* nachzuweisen.

Auffüll- und Pumpversuche geben z.B. Hinweise auf

- die Anbindung (den *hydraulischen Kontakt*) der Grundwassermeßstelle an den Grundwasserleiter sowie
- *Undichtigkeiten* von Ringraumabdichtungen und Verbindern der Aufsatzrohre.

Geopysikalische Messungen sind vielseitig nutzbar:

- Die Messung der natürlichen *Gammastrahlung* der zur Abdichtung des Ringraumes verwendeten Tone durch das Gamma Ray Log *(GR)* im Vergleich zur Basisstrahlung des offenen Bohrlochs ermöglicht die Kontrolle ihrer Tiefenlage und Mächtigkeit.
- Im Gamma Ray Log treten die Dichtungsmaterialien gegenüber den Filtermaterialien häufig nicht deutlich genug hervor. Bessere Ergebnisse liefert das Gamma Gamma Log für die Ringraumkontrolle *(RRK)*, eine Messung der *Dichte*.

Anlage, Bau und Ausbau von Meßstellen 167

Bei der Interpretation beider Meßergebnisse ist der Einfluß des Bohrlochkalibers (*CAL*) des offenen Bohrlochs zu berücksichtigen.

- Das *Widerstandslog* (*FEL*, Focussed Electric Log) läßt sich benutzen, um die Lage von Filterstrecken, Rohrverbindern und Undichtigkeiten bei Kunststoffrohren zu ermitteln: Aufsatzrohre (Vollwandrohre) weisen hohe Widerstände auf, Undichtigkeiten fallen durch negative Peaks auf. Filterrohre sind gekennzeichnet durch niedrige Widerstände, ihre Verbinder treten durch erhöhte Widerstände hervor. Bei Stahlrohren lassen sich Filterstrecken, Rohrverbinder und Löcher durch *magnetische Messung* der Materialstärken mit dem *Casing Collar Locator* (*CCL*) orten.
- Für spätere Messungen von *Temperatur*, *Salinität* (Leitfähigkeit) und *Durchfluß* (*TEMP, SAL, FLOW*) sind vor Beginn des Pumpens *Eichmessungen* (0-Messungen) erforderlich.
- *Optische Unterwasseraufnahmen* (*OPT*) zeigen im unverrohrten standfesten Gebirge Klüfte und Karsterscheinungen, in Grundwassermeßstellen den Zustand der Rohre (Beschädigungen) und Filterstrecken (Verockerungen, Versinterungen).

Vor Übergabe und Inbetriebnahme der Grundwassermeßstelle hat die abschließende Beschreibung und Dokumentation des Bauwerks in Form eines *geologischen Profils mit Ausbauschema* (Abb. 68) zu erfolgen.

3.1.2 Andere Brunnen

Um eine erste Übersicht über die hydrogeologischen Verhältnisse im Umfeld einer Altlastverdachtsfläche zu erhalten, ist es sinnvoll, vorhandene andere Brunnen wie

- Hausbrunnen,
- Weidebrunnen,
- Feuerlöschbrunnen und
- Beregnungsbrunnen etc.

zu erfassen und auf ihre Eignung als Meßstellen zu überprüfen. Sie sind meist dort vorhanden, wo die Flurabstände gering sind und somit den Einsatz von Saugpumpen zur Förderung zulassen.

Bei *Haus-* und *Weidebrunnen* handelt es sich in zumeist um Bohrbrunnen geringen Durchmessers mit einer Verrohrung (< 2"), an die direkt die Förderpumpen angeschlossen sind. Detaillierte Angaben zu Geologie, Tiefe, Lage der Filterstrecke und Art des Ausbaus sind selten zu erhalten.

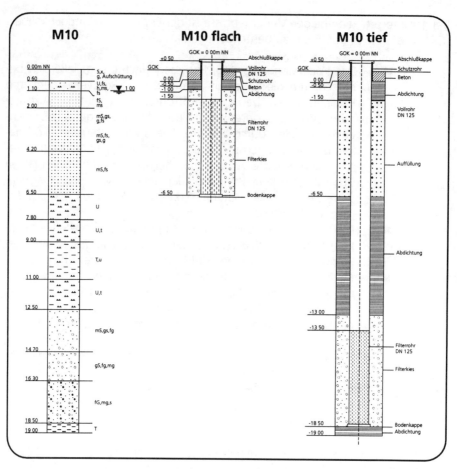

Abb. 68. Geologisches Profil und Ausbauschema

Sie sind oft für die Entnahme von Wasserproben geeignet, jedoch nicht für die Messung von Wasserständen. Lediglich bei Schachtbrunnen lassen sich aufgrund der besseren Zugänglichkeit (Wartungsklappen) Tiefe und Wasserstände aufnehmen.

Feuerlösch- und *Beregnungsbrunnen* werden mit größeren Durchmessern als Bohrbrunnen mit Ausbaudurchmessern > 4" erstellt, um entsprechend große Wassermengen mit leistungsfähigen Pumpen fördern zu können. Technische Daten sind hier meist genauso wenig bekannt wie bei Haus- und Weidebrunnen. Das Abschlußbauwerk wird meist als Überflur-Ausführung mit einem Endrohr als 90°-Winkelstück mit Schnellkupplung gebaut. Daher lassen sich Wasserstände nur grob erfassen; eine Beprobung mit Saugschläuchen ist aber durchaus möglich.

3.1.3 Schächte und Pegel

Zur Erfassung des Wasserstandes in tieferen geologischen Formationen können die *Schächte* von ehemaligen Bergwerksanlagen herangezogen werden, sofern keine Wasserhaltung betrieben wird. Sie können auch, guter technischer Zustand und gute Zugänglichkeit vorausgesetzt, für eine Beprobung geeignet sein.

Um die Wechselwirkungen zwischen Grundwasser und Oberflächengewässern zu erfassen, ist die Einrichtung von *Pegeln* an stehenden und fließenden Gewässern nötig. Es handelt sich sämtlich um stationäre Meßgeräte, die mit Ausnahme des Lattenpegels für eine kontinuierliche Datenerfassung geeignet sind.

Beim *Lattenpegel* handelt es sich um eine fest installierte Meßlatte (Pegellatte) aus Holz, Kunststoff, Leichtmetall oder Stahl mit einer 1-cm- oder 2-cm-Skalierung, von der der Wasserstand direkt abgelesen wird. Die Ausbildung des Gewässerufers kann eine gestaffelte Anordnung mehrerer vertikaler Pegellattenabschnitte (Staffelpegel) oder eine der Uferböschung entsprechend geneigte Pegellatte (Schrägpegel) mit verzerrter Skalierung (Abb. 69 a) erforderlich machen.

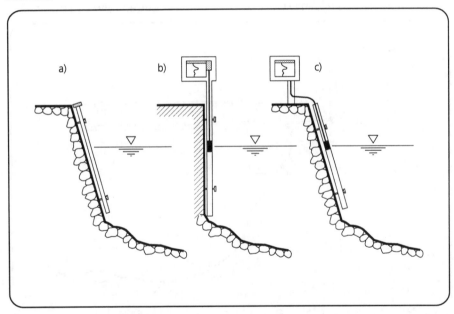

Abb. 69. **a** Lattenpegel als Schrägpegel, **b** Installation eines Pegels mit Schwimmer und **c** Installation eines Pegels mit Drucksonde

Beim *Pegel mit Schwimmer* ist der Schwimmer über ein Seil mit einem Gegengewicht verbunden. Das Schwimmerseil läuft über ein Schwimmerrad mit Winkelkodierer. Bei Änderungen des Wasserspiegels wird das Schwimmerrad in eine Drehbewegung versetzt, die über den Winkelkodierer in ein digitales Signal überführt wird. Die auf Haftreibung beruhende Kraftübertragung vom Schwimmerseil auf das Schwimmerrad beinhaltet die Gefahr von Schlupf. Deswegen werden häufig gelochte Schwimmerbänder und gezahnte Schwimmerräder verwendet. Die Meßgenauigkeit beträgt etwa 0,5 cm. Die Mechanik des Meßsystems bedarf regelmäßiger Pflege und ist frostempfindlich, die Elektronik muß vor Feuchtigkeit geschützt sein. Pegel mit Schwimmer werden zum Schutz vor Strömung und Beschädigung in vertikalen Schutzrohren installiert (Abb. 69b).

Bei *Pegeln mit Drucksonde* wird diese unterhalb des Wasserspiegels in einem Schutzrohr installiert (Abb. 69 c), wo sie den Druck der auflastenden Säulen von Grundwasser und atmosphärischer Luft als Summe und über eine Kapillare zusätzlich den atmosphärischen Druck separat mißt, die Differenz bildet und diesen mechanischen Wert über einen Druckwandler in ein elektrisches Signal umwandelt. Die Dichte des Wassers darf üblicherweise als konstant betrachtet werden; der Einfluß seiner Temperatur wird durch Temparaturkompensation der Sonde eliminiert. Die Meßgenauigkeit beträgt etwa 1 cm.

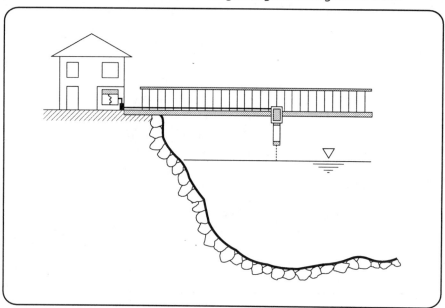

Abb. 70.   Installation eines Pegels mit Echolot

Beim *Pegel mit Echolot* wird ein vom Sensor ausgehender Ultraschall-Impuls an der Wasseroberfläche reflektiert (Abb. 70) und vom Sensor detektiert. Aus der bekannten Laufzeit der Schallwellen in Luft wird der Wasserstand ermittelt. Umwelteinflüsse wie Luftdruck und Temperatur werden automatisch abgeglichen. Die Meßgenauigkeit beträgt ca. 0,1 cm. Wegen des hohen Stromverbrauchs kann das Echolot nicht mit Batterien betrieben werden.

3.1.4 Anordnung von Grundwassermeßstellen

Die Erfassung der Grundwassereigenschaften sollte so differenziert wie möglich erfolgen. Dabei ist sowohl eine Differenzierung in der Vertikalen als auch in der Horizontalen sinnvoll, um eine gute Vorstellung über den räumlichen Aufbau des Untergrundes und die Kontaminationssituation im Umfeld einer Altlast zu bekommen.

3.1.4.1 Abstufung von Filterabschnitten in Überwachungsbrunnen

Besonders im Nahbereich von Altlasten können abgestufte vertikale Differenzierungen der Verteilung von Schadstoffen im Grundwasser bzw. Untergrund zu beachten sein. Aber auch die vertikale Verteilung der Grundwasserdruckverhältnisse muß erfaßt werden, damit klare Einsichten in die Hydrodynamik, insbesondere die vertikalen Gradientenverteilung, gewonnen werden.

Zur Erfassung der unterschiedlichen *vertikalen* Abschnitte in Grundwasserleitern werden eingesetzt:

- *Einfachmeßstellen* (Abb. 71 a) sind Grundwassermeßstellen mit kurzen Filterstrecken an der Basis oder mit durchgehenden Filterstrecken *(Vollfilter-Meßstellen)*. Letztere werden kaum noch angelegt. Der Trend geht (zur Minimierung von Verdünnungseffekten) zu kürzeren Filterstrecken und (zur Minimierung von Störungen des Gesteinsverbandes beim Bohren) zu kleineren Durchmessern, für die unterdessen leistungsfähige Pumpen erhältlich sind.
- *Grundwassermeßstellengruppen* sind Überwachungsbrunnen, die in *mehreren benachbarten* Bohrlöchern angeordnet werden (Abb. 71 b).
- *Mehrfachmeßstellen* sind Grundwassermeßstellen zur Erfassung unterschiedlicher Teufenintervalle an einer Lokation in *einem* Bohrloch (Abb. 71 c).
- *Multilevel-Brunnen* stellen eine Sonderform der Mehrfachmeßstellen (Abb. 66) und auf Grund ihrer geringen Abmessungen eine kostengünstige Alternative zu Mehrfachmeßstellen dar.

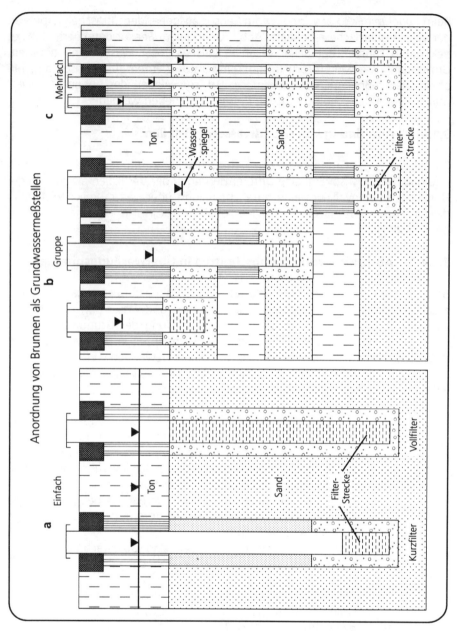

Abb. 71. Anordnung von Überwachungsbrunnen. **a** einfache Anordnung mit kurzer Filterstrecke und Vollfilterstrecke, **b** Gruppenanordnung und **c** Mehrfachanordnung

Anlage, Bau und Ausbau von Meßstellen

Mehrfachmeßstellen, Multilevel-Brunnen und Meßstellengruppen werden zur Beprobung mehrerer Grundwasserstockwerke an einer Lokation (Abb. 72) errichtet und zur Ermittlung von Flächen gleicher Potentiale (Flächen gleichen Druckes, Grundwasserhöhengleichen) benutzt (Abb. 73).

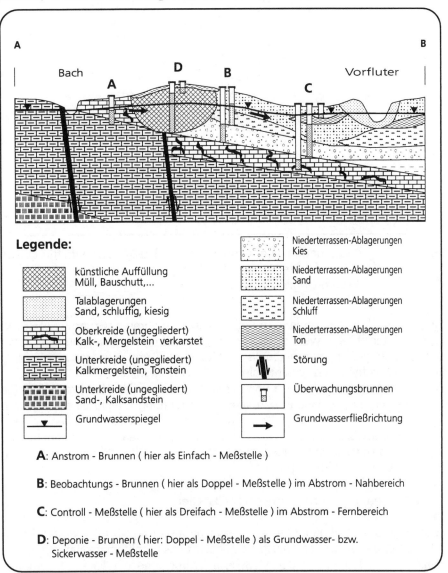

Abb. 72. Anordnung von Überwachungsbrunnen zur Beprobung unterschiedlicher Grundwasserstockwerke

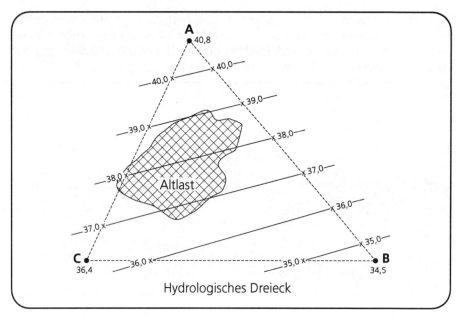

Abb. 73. Anordnung von Grundwassermeßstellen zur Ermittlung von Grundwasserständen (Flächen gleicher Potentiale, Grundwasserhöhengleichen)

Ein Überwachungsbrunnen darf keinesfalls in mehreren Grundwasserstockwerken Filterrohre aufweisen, da es sonst, wie bei einem unvollkommen abgedichteten Ringraum, zum hydraulischen Kurzschluß und eventuell zum Eintrag von Schadstoffen in ein unkontaminiertes Stockwerk kommt.

Bei Brunnen zur Erfassung von Schadstoff-Fahnen im Abstrom sollten die Filterstrecken zur Vermeidung zu starker Verdünnungseffekte eine Länge von 5 m nicht überschreiten. Bei sehr mächtigen Grundwasserleitern lassen sich einzelne Grundwasserhorizonte in Überwachungsbrunnen mit durchgehender Verfilterung durch Doppelpacker abschotten und durch sehr vorsichtiges Pumpen relativ teufengenau beproben.

3.1.4.2 Zonare Anordnung von Meßstellen

Grundlage des Erkundungs- und Überwachungskonzeptes für Altlasten ist die Erkenntnis, das Sickerwasseraustritte zunächst das unmittelbare Nahfeld verunreinigen. Zur Beurteilung der Meßwerte hydrochemischer Parameter im Abstrom einer Altlast müssen aber auch Vergleichswerte verfügbar gemacht werden. Daher wird eine zonare Überwachung für erforderlich gehalten, um alle Elemente einer logischen Nachweiskette zu erhalten.

Anstrombrunnen (A-Brunnen) sollen die Gewinnung möglichst unbeeinflußter Grundwasserproben ermöglichen. Diese Meßstellen sollten zur sicheren Vermeidung möglicher Beeinflussungen (durch Grundwasseraufhöhung unter Altablagerung in Folge erhöhten Sickerwasseraustrags) etwa 50 m entfernt sein. Die im Anstrom-Brunnen erfaßte grundwasserleitende Schicht muß der für den Austrag kritischen Schicht entsprechen. Bei Vorliegen von mehreren Grundwasserstockwerken sind diese getrennt zu verfiltern.

Die größte Bedeutung für die Erfassung möglicher Kontaminationen durch austretendes Sickerwasser haben die *Beobachtungsbrunnen* (B-Brunnen). Sie sind die erste Überwachungseinheit im Abstrom der Verdachtsfläche und sollten daher in der Erkundungsphase so dicht wie möglich an den Altlastverdachtskörper/die Altlastverdachtsfläche herangesetzt werden. Eine Distanz von 30 m sollte nicht überschritten werden. Anzahl und Abstand erforderlicher B-Brunnen sind im Einzelfall abhängig von

- der *Ausdehnung der Verdachtsfläche*,
- den *hydrostratigraphischen Verhältnissen* und
- der *Fließgeschwindigkeit* (Abstandsgeschwindigkeit) des Grundwassers.

B-Brunnen sollten im Abstrom in Reihen quer zur Grundwasserfließrichtung angelegt werden sollten. Hinsichtlich der Tiefenauslegung von Meßstellen ist zu bedenken, daß sich manche Stoffe anders als Wasser ausbreiten. In Analogie zum "Deponiehandbuch" werden alle B-Brunnen der inneren Überwachungszone, begrenzt durch die 200-Tage-Linie, zugerechnet.

Durch Kontrollbrunnen (C-Brunnen) sollen bereits vorhandene Kontaminationen in ihrer räumlichen Ausdehnung erfaßt und kontrolliert werden. Anzahl und Anordnung der C-Brunnen richten sich dabei ebenso nach dem Ausmaß der Grundwasserkontamination und den hydrostratigraphischen Verhältnissen wie bei den B-Brunnen. Die maximal mögliche Distanz der C-Brunnen von der Altlast sollte vorab aus den Daten über das Alter der Altlast und die Fließgeschwindigkeit abgeschätzt werden. Abb. 74 zeigt schematisch die Anordnung von Meßstellen in Überwachungszonen.

Die direkte Fassung von Sickerwasser kann durch D-Brunnen ("Deponie"-Brunnen) erfolgen. Diese sind entweder im Altlastkörper selbst oder knapp darunter im obersten Abschnitt des Grundwasserleiters verfiltert. Sie sollen das Sickerwasser in möglichst unverdünnter Form erfassen, um Hinweise auf mögliche Schadstoffe und Vergleichswerte für die Beurteilung von Meßwerten aus B- oder C-Brunnen unter Berücksichtigung der A-Brunnen zu liefern. Bei Altlastkörpern, die durch Drainagen (Sickerwasser-Sammler) entwässert werden, können diese als D-Meßstellen herangezogen werden. Beim Bau von D-Brunnen (Sickerwasser-Meßstellen, s.u.) sind besonders die einschlägigen Arbeitschutzmaßnahmen zu beachten.

Empfehlungen für die zonare Anordnung von Überwachungsmeßstellen geben das „Deponiehandbuch", herausgegeben vom Niedersächsischen Landesamt für Ökologie (NLÖ) in Hildesheim, die „Niedersächsische Richtlinie für die Auswahl, den Bau und die Funktionsprüfung von Meßstellen", seinerzeit herausgegeben vom Niedersächsischen Landesamt für Wasser und Abfall sowie der „Leitfaden zur Grundwasseruntersuchung bei Altablagerungen und Altstandorten", herausgegeben vom Landesamt für Wasser und Abfall (LWA), Nordrhein-Westfalen, in Düsseldorf.

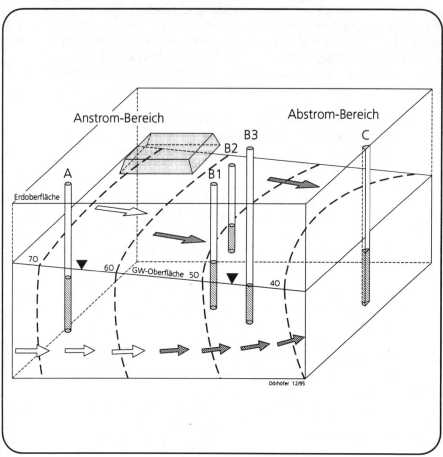

Abb. 74.   Anordnung von Meßstellen in Überwachungszonen

Anlage, Bau und Ausbau von Meßstellen

3.1.4.3 Meßstellennetze

Um die Erkundungs- und Überwachungsziele mit vertretbarem zeitlichen und finanziellen Aufwand erreichen zu können, ist eine möglichst einheitliche abgestufte Vorgehensweise sinnvoll:

- *Entwicklung eines Standortmodells* durch Auswertung von Unterlagen, Einrichten und Beobachten weniger Grundwassermeßstellen unter Einbeziehung bereits vorhandener Bohrungen, Brunnen und Quellen,
- *stufenweiser Ausbau des Meßstellennetzes* in Abhängigkeit vom Erkenntnisstand zur Verteilung der finanziellen Mittel über einen längeren Zeitraum sowie
- gegebenenfalls *Überprüfung und Ergänzung* der Erkenntnisse durch geophysikalische Erkundungsmethoden.

Grundwassermeßstellen an einer Altlast können in *Grundwassermeßstellennetzen* (Abb. 75) zusammengefaßt werden. Man unterscheidet

- Erkundungsmeßnetze und
- Überwachungsmeßnetze.

Erkundungsmeßnetze werden eingerichtet, um eine regionale Beobachtung der Grundwasseroberfläche im Zuge der Erkundungsphasen zu gewährleisten. Durch Auswertung von geologischen und hydrogeologischen Karten, Profilen und Daten zur Hydrogeologie und den Grundwasserströmungsverhältnissen im Umfeld der Altablagerung oder des Altstandortes ergibt sich gewöhnlich eine Vorstellung vom potentiellen räumlichen und zeitlichen Ausbreitungsverhalten von Schadstoffen aus der Verdachtsfläche.

Reichen die vorhandenen Meßstellen zur Einrichtung eines Erkundungmeßnetzes nicht aus, sind zur Feststellung der lokalen geologischen und hydrologischen Verhältnisse unter der Annahme unkomplizierter geologischer Lagerungsverhältnisse und einer ebenen Grundwasseroberfläche zunächst *mindestens drei Bohrungen* notwendig.

Beim Ausbau der Bohrungen ist darauf zu achten, daß unterschiedliche Grundwasserstockwerke getrennt erfaßt werden. Bei komplizierten geologischen Verhältnissen (Störungen, Karsterscheinungen) und unebener Grundwasseroberfläche sind selbstverständlich mehr Bohrungen erforderlich.

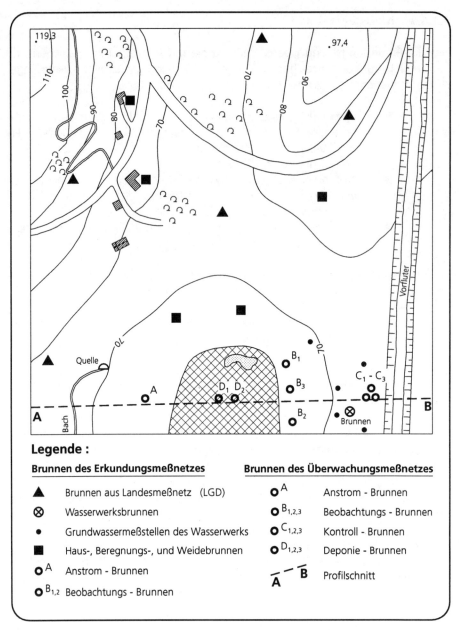

Abb. 75. Beispielhafte Darstellung der Anordnung vorhandener Meßstellen in Erkundungs- und Überwachungsmeßnetzen

Anlage, Bau und Ausbau von Meßstellen

Nach der Ermittlung der grundsätzlichen Verhältnisse wird es für vergleichende Untersuchungen des Grundwassers im Anstrom (oberhalb) und Abstrom (unterhalb) von Verdachtsflächen vor dem Hintergrund der regionalen (geogenen und anthropogenen) Grundwasserbelastung und zur Beurteilung, ob negative Auswirkungen weiterführende Maßnahmen erforderlich machen, zumeist nötig sein, die 3 Grundwassermeßstellen zu einem *Überwachungsmeßnetz* auszubauen. Dichte und Muster eines solchen Überwachungsmeßnetzes wie auch Art und Dimensionierung der einzelnen Meßstellen haben sich in jedem Einzelfall an den geologisch-hydrologischen Verhältnissen, der Art und Ausdehnung der Altablagerung, der jeweiligen Fragestellung und der Zielsetzung zu orientieren (Abb. 76 und 77).

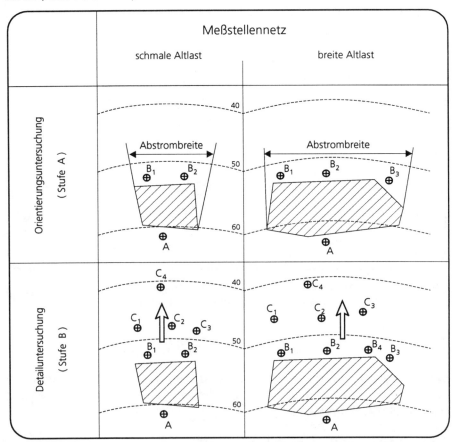

Abb. 76. Anordnung von Grundwassermeßstellen im Bereich einer Altlastverdachtsfläche in verschiedenen Untersuchungsphasen; Grundwassermeßstelle im Anstrom A, Meßstellen im Abstrom B_1 - B_4, C_1-C_4

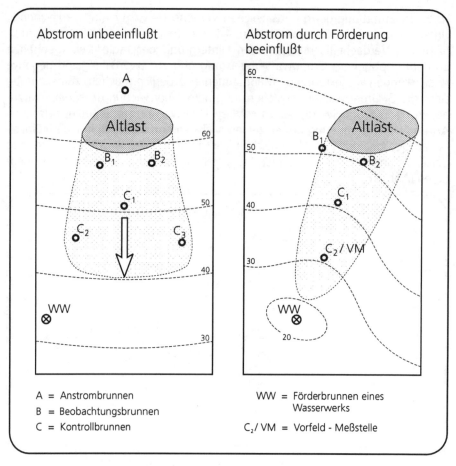

Abb. 77. Anordnung von Grundwassermeßstellen in Abhängigkeit vom Einzugsbereich eines Trinkwasserbrunnens

3.2 Meßstellen in und auf Altlastverdachtsflächen

Sickerwasser- und Deponiegasmeßstellen dienen in der direkten Umgebung von Altablagerungen dem Sammeln und der Beprobung von Sickerwasser und Deponiegas für analytische Zwecke.

3.2.1 Sickerwassermeßstellen

An Altablagerungen ohne Oberflächen-Abdichtung kommt es durch Niederschläge zur Bildung von Sickerwässern. Zur Messung des Deponie-Wasserspiegels und Beprobung dieser Sickerwässer werden Sickerwassermeßstellen errichtet.

Entsprechend dem Aufbau von Grundwassermeßstellen können Sickerwassermeßstellen aus Filter- und Aufsatzrohren ohne Sumpfrohren bestehen, die im Bereich von Sickerwasseraustritten in Bohrungen eingebaut oder einfach im Müllkörper eingegraben werden (Abb. 78). Dabei sollte die Basis der Altablagerung zur Vermeidung neuer Wegsamkeiten nicht durchörtert werden.

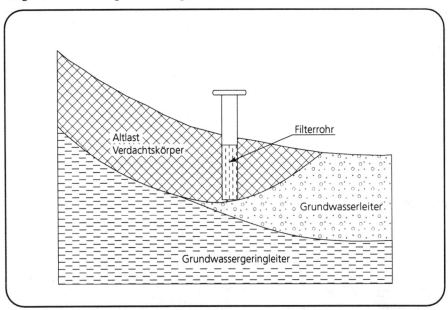

Abb. 78. Schematische Anordnung einer Sickerwassermeßstelle am Fuß einer Altablagerung. (Nach Coldewey u. Krahn 1991)

Statt einer Verrohrung können perforierte Tonnen aus Kunststoff verwendet werden, denen das Sickerwasser durch seitliche Drainagerohre zugeführt wird (Abb. 79 a). Der Ringraum im Bereich der Rohre ist zur sicheren Zuführung der Wässer in die Tonnen, der Ringraum im Oberflächenbereich als Schutz gegen eindringende Oberflächenwässer mit Dichtungsmaterial zu verschließen.

Eine weitere Möglichkeit besteht im Einbau von Filterrohren mit Aufsatzrohren, bei denen der Bereich der Filterrohre mit flexiblen Drainagerohren umwickelt ist (Abb. 79 b). Auch hier erfolgt die Zuleitung der Sickerwässer durch seitliche Drainagerohre. Die Abdichtung hat wie beim Einbau von Tonnen zu erfolgen.

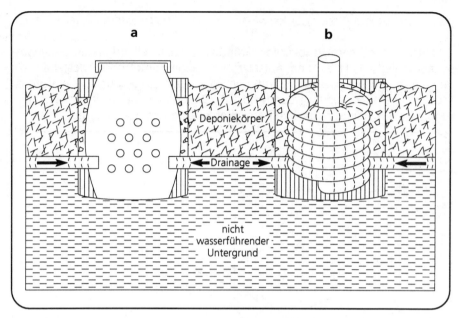

Abb. 79. Schematischer Aufbau einer Sickerwassermeßstelle am Fuß einer Altablagerung mit **a** eingegrabener Tonne **b** Drainagerohrwicklung um Filterrohre. (Nach Coldewey u. Krahn 1991)

In einzelnen Fällen kann die Beprobung von Sickerwässern mittels Multilevel-Meßstellen sinnvoll sein.

Bis unter den Grund-/Sickerwasserspiegel ausgehobene Schürfe auf der Altlast bieten sich zum Ausbau als Sickerwassermeßstellen an (Abb. 80 a - d): Zunächst wird ein Schutzrohr senkrecht auf die Schurfsohle gestellt und in dieser Position gesichert (Abb. 80 a). Im zweiten Arbeitsschritt erfolgt die teilweise Verfüllung mit Aushub oder anderem Material (Abb. 80 b). Danach wird das Schutzrohr zur Meßstelle ausgebaut (Abb. 80 c), gezogen und der Schurf vollständig verfüllt (Abb. 80 d). Auf die besondere Gefährdung bei Arbeiten auf kontaminierten Standorten, besonders bei der Anlage von Schürfgruben, sei hier nochmals hingewiesen.

Anlage, Bau und Ausbau von Meßstellen

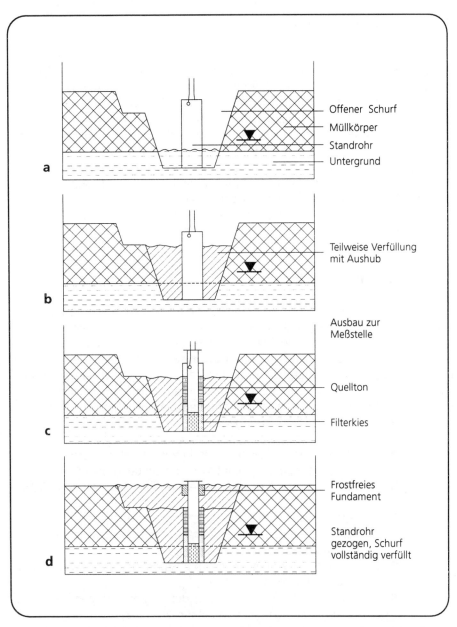

Abb. 80. Schematische Vorgehensweise beim Ausbau eines Schurfs zur Sickerwassermeßstelle

3.2.2 Gasmeßstellen

Grundsätzlich können alle Sickerwassermeßstellen im und am Deponiekörper, die im nicht wassergesättigten Bereich verfiltert sind, als Deponiegasmeßstellen genutzt werden. Beim Bau von Deponiegasmeßstellen sind ausschließlich Materialien zu verwenden, die sich weder unter der Einwirkung von Deponiegas verändern, noch dessen Qualität beeinflussen. Insbesondere sollten kalkfreies oder zumindest kalkarmes Drainmaterial und PE-Rohrmaterial eingesetzt werden. Der Meßstellenkopf ist zum Schutz vor Luftzutritt und Explosionen gasdicht zu gestalten und zur Probenahme mit einem Kugelventil auszustatten. Bei der Auswahl der Bauteile sind die Anforderungen des Explosionsschutzes in Abhängigkeit von der Explosionsschutzzone zu beachten.

Zur Gasprobenahme können auch vorhandene Gasbrunnen oder Gassammler, die für aktive oder passive Entgasungmaßnahmen erstellt wurden, verwendet werden.

3.2.3 Arbeitssicherheit

Häufig wechselnde Einsatzorte und Arbeitsbedingungen im Freien bedeuten für den in der Bauwirtschaft und bei Bohrunternehmen beschäftigten Personenkreis erhöhte *Unfallgefahr*. Arbeiten in kontaminierter Umgebung erhöhen diese Unfallgefahr drastisch und erfordern zusätzliche Schutzmaßnahmen. Eine besondere Gefahr beim Bau von Grundwasser-, Sickerwasser- und Deponiegasmeßstellen auf Altlasten und in Deponiekörpern stellt der mögliche direkte Kontakt mit festen, flüssigen und gasförmigen Schadstoffen dar. Deswegen sind hier strenge Sicherheitsvorkehrungen zu treffen:

- Erstellung einer Leistungsbeschreibung mit den erforderlichen Schutzmaßnahmen (Schutzzonen, Reinigungsanlagen),
- Sicherung der Baustelle gegen unbefugtes Betreten, Bewachung,
- Festlegung der Schutzausrüstungen für Personen (Schutzkleidung, Atemschutz) in Abhängigkeit von den Schutzzonen und den beabsichtigten Arbeiten,
- Vorhalten geeigneter Reinigungsmöglichkeiten für Personal, Schutzkleidung und Gerätschaften,
- meßtechnische Überwachung der Baumaßnahmen (evtl. weiterführende technische Maßnahmen wie Bewetterung),
- arbeitsmedizinische Maßnahmen für den beteiligten Personenkreis,
- Leitung und Beaufsichtigung der Bauarbeiten, ganz besonders im Bereich von Altlasten, durch fachlich geschultes Personal,
- Aufklärung aller auf der Baustelle tätigen Personen über Ziel des Bauvorhabens und mögliche Gefahren und

- Einhaltung der entsprechenden Bestimmungen der Tiefbau-Berufsgenossenschaft (TBG) bei der Durchführung von Bauarbeiten in kontaminierten Bereichen.

Detaillierte Hinweise zu Schutzmaßnahmen im Zusammenhang mit Altlasten sowie Handlungsanleitungen nebst Richtwerten, Vorschriften, Regeln und Merkblättern geben Burmeier et al. (1995).

3.3 Dokumentation und Qualitätssicherung von Meßstellen

Für die langfristige Nutzung einer Meßstelle ist es unbedingt notwendig, alle Stammdaten (technische Daten, anlagenbezogene Daten) zu dokumentieren ebenso wie die über längere Zeiträume anfallenden Meßdaten der untersuchten Parameter (z.B. Wasserstände, Analysenergebnisse). Andernfalls stehen die verhältnismäßig hohen Kosten für Bau und Unterhaltung von Meßstellen in krassem Mißverhältnis zum Nutzen.

4.3.1 Dokumentation

Zur eindeutigen Identifizierung von Meßstellen und längerfristigen Probenahmestellen muß jede Lokation und Anlage eine unverwechselbare Bezeichnung erhalten. Für die graphische Darstellung in Karten, Schnitten und Lageplänen ist die lage- und höhenmäßige Einmessung erforderlich. Es empfiehlt sich, für Meßstellen, gleich welcher Art und welcher Aufgabe, eine *Stammakte* anzulegen, in der folgende Angaben und Unterlagen zu dokumentieren sind:

- Bezeichnung (Namen/Nummer),
- Art der Meßstelle (mit/ohne Ausbau, Art des Ausbaus),
- Zweck (z.B. Wasserstandsmessung, Wasserbeprobung, Gasprobenahme),
- Lage (Rechts-,Hochwerte), Höhe des Meß- bzw. Bezugspunktes über NN,
- topographische Übersichtskarte, Geländeoberfläche über NN,
- Lageskizze, Fotos mit Angabe der Blickrichtung,
- Bohr-/Schurfprotokolle,
- Schichtenverzeichnisse,
- Ausbaudaten,
- Ausbauprotokolle,
- Meßdaten, Auswertungen und
- Bemerkungen (Zugänglichkeit, Vorkommnisse).

Zur Stammakte einer Grundwassermeßstelle gehören weiterhin alle Dokumente wie

- Ausschreibungsunterlagen und Auftrag für die Durchführung der Bohrung und den Ausbau zur Grundwassermeßstelle einschließlich der Festlegung von Gewährleistungsansprüchen,
- Tagesberichte über die Durchführung der Bohrung und den Ausbau zur Grundwassermeßstelle,
- das geologische Profil (Schichtenverzeichnis) mit dem Ausbauschema,
- das Protokoll des Klarpumpens, Protokolle und Auswertungen von hydraulischen Tests und Bohrlochmessungen,
- Messungen von Grundwasserständen, Probenahmeprotokolle und Analysenberichte sowie
- das Abnahmeprotokoll.

Zur Abnahme der im Leistungsverzeichnis festgelegten Arbeiten gehört auch die Wiederherstellung des Ursprungszustandes der Baustelle und der Zufahrtswege.

Die Höhenlage des Abschlußbauwerks ist wegen möglicher Setzungen zu einem späteren Zeitpunkt zu überprüfen.

3.3.2 Fehlerquellen

Fehler können bei der Planung von Grundwasser-, Sickerwasser- und Deponiegasmeßstellen, bei der Durchführung der Baumaßnahmen als auch bei der Auswertung begangen werden:

- Mangelhafte Planung der Standortwahl von Grundwasser-, Sickerwasser- und Deponiegasmeßstellen kann zu falschen Schlüssen und Fehleinschätzungen bezüglich des Gefährdungspotentials einer Altlast führen.
- Fehlinformationen wirken sich bei der Planung und Ausschreibung des Ausbaus der betreffenden Bauwerke aus.
- Mangelhafte organisatorische Überwachung und wissenschaftliche Begleitung beim Abteufen von Bohrungen und Anlegen von Schürfen für Meßstellen führen zu Informationsverlusten und -verfälschungen.
- Zeit- und Kostendruck dürfen nicht zu Lasten der Qualität der Erkundungsmaßnahmen gehen.
- Unzureichende Qualifikation des ausführenden und beaufsichtigenden Personals zieht mangelhafte bauliche Ausführungen von Meßstellen nach sich und gefährdet deren wissenschaftliche Zielsetzung.

- Aus Personal-, Kosten- und Zeitmangel erfolgt keine effiziente fachlich qualifizierte Überwachung der Bauarbeiten.
- Mangelhafte Baustellenabsicherung kann zur Gefährdung Dritter (Einsturzgefahr) führen.
- Mißachtung von Schutzmaßnahmen und mangelhafte meßtechnische Überwachung der Baumaßnahmen können verheerende Folgen (Explosionen, Vergiftungen, nachhaltige gesundheitliche Schädigungen) haben.
- Fehler bei der Auswertung von hydraulischen Tests und geophysikalischen Bohrlochmessungen ziehen falsche Schlüsse und damit Fehlinvestitionen in Form unnötiger Folgemaßnahmen oder Fehlschlüsse bezüglich des Gefährdungspotentials einer Altablagerung nach sich.

3.3.3 Qualitätssicherung

Qualitätssicherung muß sowohl in der Planungs- als auch in der Ausführungsphase von Schürfen und Bohrungen, die zu Grundwasser-, Sickerwasser- und Deponiegasmeßstellen ausgebaut werden sollen, gewährleistet sein:

- Gezielte Erfassung und Auswertung vorhandener Informationen bilden die Basis für eine Standortbeschreibung und ermöglichen die Erstellung eines Erkundungs- und Probenahme- und Analysenplans,
- Geländebegehungen sichern vom Schreibtisch aus geplante Bohr- und Schürfansatzpunkte ab,
- Praktische Hilfe bei der schwierigen Formulierung von Leistungsbeschreibungen für Bauleistungen im Bereich von Altablagerungen und Altlasten bieten die in der Form von Textvorschlägen gehaltenen „Leistungstexte",
- Einhaltung der einschlägigen Arbeits- und Emissionschutzvorschriften bei der Erkundung und Sanierung von Altlasten,
- Beachtung der technischen Bauvorschriften, der Hinweise zur Dokumentation sowie der Anweisungen zur Auswertung bei der Planung und beim Bau von Grundwasser-, Sickerwasser- und Deponiegasmeßstellen,
- ständige sicherheits-, meßtechnische und wissenschaftliche Begleitung der Bauarbeiten sowie
- Probe- und Meßwertaufnahme, Analytik und Auswertung durch qualifiziertes Personal zur Erzielung optimaler Ergebnisse bei Verringerung des finanziellen Mitteleinsatzes.

3.3.4 Zeitaufwand

Der Zeitaufwand für den Ausbau von Bohrungen oder Schürfen zu Grundwasser-, Sickerwasser- oder Deponiegasmeßstellen läßt sich nicht pauschal angeben. Er ist von einer Reihe von Faktoren abhängig:

- Baustelleneinrichtung, An- und Abtransport von Gerätschaften und Material, Häufigkeit des Umsetzens auf der Baustelle,
- Anzahl, Tiefe und Durchmesser der auszubauenden Bohrungen/Schürfe,
- Komplexität des geologischen Aufbaus des Untergrundes,
- Zugänglichkeit des Geländes, Standsicherheit von Untergrund und Gebäuden (bei Arbeiten in Gebäuden ist der Einsatzmöglichkeit schwerer Geräte Grenzen gesetzt) und
- sicherheitstechnischer Aufwand aufgrund des Gefährdungspotentials der Altlast.

3.3.5 Kosten

Die Kosten für den Ausbau von Bohrungen oder Schürfen zu Grundwasser-, Sickerwasser- oder Deponiegasmeßstellen lassen sich ebensowenig pauschal beziffern wie der Zeitbedarf, da sie im wesentlichen von den selben unwägbaren Faktoren (Anzahl, Tiefe und Durchmesser der Bohrungen oder Schürfe, Wahl des Gerätes, geologischer Aufbau des Untergrundes, sicherheitstechnischer Aufwand) abhängen. Zudem schwanken die Kosten für Material, Geräte und Personal regional deutlich und unterliegen zeitlichen Veränderungen.

Einzuplanen sind zusätzliche finanzielle Mittel für evtl. späteres Ziehen der Brunnenrohre, die Verfüllung der Bohrlöcher und die Rekultivierung. Zu erwähnen bleiben erhebliche Kosten, die durch Zwischenlagerung, Transport, Behandlung oder Entsorgung von beim Klarpumpen oder Funktionsprüfungen anfallendem kontaminierten Wässer entstehen können.

Abrechnungsgrundlagen nach VOB sind der Bauvertrag (Leistungsverzeichnis) und das gemeinsame Aufmaß.

3.3.6 Bezugsquellen

Potentielle Auftragnehmer für den Ausbau von Bohrungen und Schürfen sind grundsätzlich alle qualifizierten Bohr- und Brunnenbauunternehmen mit Bescheinigung nach DVGW-Arbeitsblatt W 120, in dem die entsprechenden Firmen aufgelistet sind. Da das bewußte Arbeiten in kontaminierten Bereichen unter Einhaltung der Arbeitsschutzmaßnahmen für viele Unternehmen noch das Betreten von Neuland bedeutet, sollten bei der Ausschreibung der Leistungen solche Firmen bevorzugt berücksichtigt werden, die nachweislich Erfahrungen auf diesem Gebiet anführen können und über im Umgang mit Schutzausrüstung und Meßgeräten geübtes Personal verfügen.

Adressen geowissenschaftlicher und geotechnischer Institutionen und Firmen finden sich in der Broschüre „Geopotential in Niedersachsen", herausgegeben von der Niedersächsischen Akademie der Geowissenschaften in Hannover. Dieser Wegweiser ist kostenlos erhältlich bei der Geschäftsführung der Akademie:

Dr. E.-R. Look
Stilleweg 2
30655 Hannover   Tel.: 0511/6432487

Die Leistungstexte sind zu beziehen vom

Fachausschuß Tiefbau
Am Knie 6
81241 München   Tel.: 089/8897500

Weitere Vorschriften und Regeln für Arbeiten auf Altlasten sind zu beziehen vom

Carl-Heymanns-Verlag
Luxemburger Str. 449
51149 Köln   Tel.: 0221/460100

4 Literatur

American Petroleum Institute (1990) Recommended practice for drill stem design and operating limits. 7 G

American Petroleum Institute (1990) Specification for rotary drilling equipment. 7,

Arnberger E (1966) Handbuch der thematischen Kartographie. Deuticke, Wien

Arnold W (Hrsg.) (1993) Flachbohrtechnik. Deutscher Verlag für Grundstoffindustrie, Leipzig / Stuttgart

Barkowski D, Günther P, Hinz E, Röchert, R (1993) Altlasten, Handbuch zur Ermittlung und Abwehr von Gefahren durch kontaminierte Standorte. Müller, Karlsruhe

Bender F (1984) Angewandte Geowissenschaften III. Enke, Stuttgart

Bentz A, Martini, H-J (Hrsg.) (1968) Lehrbuch der Angewandten Geologie, Geowissenschaftliche Methoden I. Enke, Stuttgart

Bentz A, Martini, H-J (Hrsg.) (1969) Lehrbuch der Angewandten Geologie, Geowissenschaftliche Methoden II. Enke , Stuttgart

Bieske E (1965) Handbuch des Brunnenbaus I, Grundwasserkunde, Geräte, Baustoffe. Schmidt, Berlin

Bieske E (1965) Handbuch des Brunnenbaus II, Grundlagen, Bohrbrunnen, Schachtbrunnen, Horizontalfilterbrunnen, Bohrungen, Grundwassermeßstellen, Grundwasserabsenkungen, Bohrpfähle, Quellfassungen, Unfallverhütung, Rechtsfragen. Schmidt, Berlin

Bieske E (1970) Leitfaden für den Brunnen-, Wasserwerks- und Rohrleitungsbau I. Müller, Köln

Bieske, E (1973) Leitfaden für den Brunnen-, Wasserwerks- und Rohrleitungsbau II. Müller, Köln

Bieske E (1983) Leitfaden für den Brunnen-, Wasserwerks- und Rohrleitungsbau III. Müller, Köln

Bieske E (1992) Bohrbrunnen. Oldenbourg, München / Wien

Blaschke R, Dittmann G, Neumann-Mahlkau P, Vowinckel I (1989) Interpretation geologischer Karten. Enke, Stuttgart

Borries H-W (1992) Altlastenerfassung und -Erstbewertung durch multitemporale Karten- und Luftbildauswertung. Vogel, Würzburg

Borries H-W, Pfaff-Schley H (Hrsg.) (1994) Altlastenbearbeitung, Ausschreibungs- und Vergabepraxis. Springer, Berlin / Heidelberg / New York / Tokyo

Brinkmann R, Zeil W (1990) Abriß der Geologie I. Enke, Stuttgart

Brüggemann K (1982) Die Bodenprüfverfahren bei Straßenbauten. Werner, Düsseldorf

Bundesanstalt für Geowissenschaften und Rohstoffe (Hrsg.) (1995) Handbuch zur Erkundung des Untergrundes von Deponien und Altlasten I, Geofernerkundung, Hannover

Burmeier H (1987) Arbeiten im Bereich kontaminierter Standorte, Maßnahmen zum Schutz der Beschäftigten. Sonderdruck aus „Die Tiefbau-Berufsgenossenschaft" 9, München

Burmeier H (1989) Arbeitsschutzkonzeptionen bei der Altlastensanierung. Die Tiefbau-Berufsgenossenschaft 10, Schmidt, Berlin

Burmeier H, Dreschmann P, Egermann R, Gause J, Rumler R (1995) Sicheres Arbeiten auf Altlasten, Aachen

Busch K-F, Luckner L (1973) Geohydraulik. Deutscher Verlag für Grundstoffindustrie, Leipzig

Castany G (1968) Prospection et exploitation des eaux souterraines. Dunod, Paris

Chugh C P (1992) High technology in drilling and exploration. Balkema, Rotterdam

Coldewey W G, Krahn L (1991) Leitfaden zur Grundwasseruntersuchung in Festgesteinen bei Altablagerungen und Altstandorten, Düsseldorf

Colwell R N (ed.) (1983) Manual of remote sensing. American society of photogrammetry, Falls Church, Va.

Dachroth W R (1992) Baugeologie in der Praxis, Eine ingenieurtechnische Anleitung für Geowissenschaftler. Springer, Berlin / Heidelberg / New York /Tokyo

Damerau H v d, Tauterat A (1993) VOB im Bild, Regeln für Ermittlung und Abrechnung aller Bauleistungen. Bauverlag, Wiesbaden

Demek J (1976) (Hrsg.) Handbuch der geomorphologischen Detailkartierung. Hirt, Wien

Deutscher Verein des Gas- und Wasserfaches, Eschborn

    W 110 (1990) Geophysikalische Untersuchungen in Bohrlöchern und Brunnen zur Erschließung von Grundwasser

W 111 (1975) Technische Regeln für die Ausführung von Pumpversuchen bei der Wassererschließung

W 114 (1989) Gewinnung und Entnahme von Gesteinsproben bei Bohrarbeiten zur Wassererschließung

W 115 (1977) Bohrungen bei der Wassererschließung

W 116 (1985) Verwendung von Spülungszusätzen in Bohrspülungen bei der Erschließung von Grundwasser

W 117 (1975) Entsanden und Entschlammen von Bohrbrunnen (Vertikalbrunnen) in Lockergestein und Verfahren zur Feststellung überhöhten Eintrittswiderstandes

W 119 (1982) Über den Sandgehalt in Brunnenwasser, Bestimmung von Sandmengen im geförderten Wasser, Richtwerte für den Restsandgehalt

W 120 (1992) Verfahren für die Erteilung der DVGW-Bescheinigung für Bohr- und Brunnenbauunternehmen

W 121 (1988) Bau und Betrieb von Grundwasserbeschaffenheitsmeßstellen

W 452 (1970) Unterlagen für Ausschreibungen zur Ausführung von Wasserversorgungsanlagen, Bohrbrunnen

Deutsches Institut für Normung, Beuth, Berlin

DIN 1960 (1988) VOB Verdingungsordnung für Bauleistungen, Teil A: Allgemeine Bestimmungen für die Vergabe von Bauleistungen

DIN 1961 (1988) VOB Verdingungsordnung für Bauleistungen, Teil B: Allgemeine Vertragsbedingungen für die Vergabe von Bauleistungen

DIN 4021 (1990) Aufschluß durch Schürfe und Bohrungen sowie Entnahme von Proben

DIN 4022, Teil 1 (1987) Benennen und Beschreiben von Boden und Fels, Schichtenverzeichnis für Bohrungen ohne durchgehende Gewinnung von gekernten Proben im Boden und Fels

DIN 4022, Teil 2 (1981) Benennen und Beschreiben von Boden und Fels, Schichtenverzeichnis für Bohrungen im Fels (Festgestein)

DIN 4022, Teil 3 (1982) Benennen und Beschreiben von Boden und Fels, Schichtenverzeichnis für Bohrungen mit durchgehender Gewinnung von gekernten Proben im Boden (Lockergestein)

DIN 4023 (1984) Baugrund- und Wasserbohrungen, Zeichnerische Darstellung der Ergebnisse

DIN 4046 (1983) Wasserversorgung, Begriffe

DIN 4049, Teil 1 (1992) Hydrologie, Grundbegriffe

DIN 4049, Teil 3 (1994) Hydrologie, Begriffe zur quantitativen Hydrologie

DIN 4067 (1975) Wasser, Hinweisschilder, Orts-Wasserverteilungs- und Wasserfernleitungen

DIN 4094 (1990) Baugrund, Erkundung durch Sondierungen

DIN 4123 (1972) Gebäudesicherung im Bereich von Ausschachtungen, Gründungen und Unterfangungen

DIN 4124 (1981) Baugruben und Gräben, Böschungen, Arbeitsraumbreiten, Verbau

DIN 4924 (1972) Filtersande und Filterkiese für Brunnenfilter

DIN 4925, Teile 1 - 3 (1990) Filter- und Vollwandrohre aus weichmacherfreiem Polyvinylchlorid (PVC-U) für Bohrbrunnen mit Querschlitzung und Gewinde

DIN 18 123 (1983) Baugrund, Untersuchung von Bodenproben, Bestimmung der Korngrößenverteilung

DIN 18 196 (1988) Erd- und Grundbau, Bodenklassifikation für bautechnische Zwecke

DIN 18 299 (1988) VOB Verdingungsordnung für Bauleistungen, Teil A: Besondere Leistungen

DIN 18 300 (1988) VOB Verdingungsordnung für Bauleistungen, Teil C: Allgemeine Technische Vertragsbedingungen für Bauleistungen, Erdarbeiten

DIN 18 301 (1988) VOB Verdingungsordnung für Bauleistungen, Teil C: Allgemeine Technische Vertragsbedingungen für Bauleistungen, Bohrarbeiten

DIN 18 302 (1988) VOB Verdingungsordnung für Bauleistungen, Teil C: Allgemeine Technische Vertragsbedingungen für Bauleistungen, Brunnenbauarbeiten

DIN 18 303 (1988) VOB Verdingungsordnung für Bauleistungen, Teil C: Allgemeine Technische Vertragsbedingungen für Bauleistungen, Verbauarbeiten

DIN 19 623 (1978) Filtersande und Filterkiese für Wasserreinigungsfilter, Technische Lieferbedingungen

DIN 19 671 (1964) Teile 1 und 2: Erdbohrgeräte für den Landeskulturbau

Dickey P A (1979) Petroleum development geology. The Petroleum Publishing Company, Tulsa, Okla.

Dodt J (1987) Die Verwendung von Karten und Luftbildern bei der Ermittlung von Altlasten, Düsseldorf

Dörhöfer G (1995) Planungskriterien für „Grundwasserbeschaffenheitsmeßstellen", Teil 1: Begriffsdefinitionen und Einsatzbereiche. bbr 11/95, Müller, Köln

Dörhöfer G, Thein J, Wiggering H (Hrsg.) (1994), Altlast Sonderabfalldeponie Münchehagen. Ernst, Berlin

Ernstberger R, Lukas-Bartl M (1994) Kompendium für den technischen Umweltschutz. Vogel, Würzburg

Exler H J, Fauth H, Golwer A, Käss W (1980) Untersuchung und Bewertung der Grundwasserbeschaffenheit in der Umgebung von Ablagerungsplätzen. Sonderdruck aus „Müll und Abfall" 2/80. Schmidt, Berlin

Fecker E, Reik, G (1987) Baugeologie. Enke, Stuttgart

Fetter C W (1994) Applied hydrogeologie. Prentice Hall, Englewood Cliffs, NJ.

Fischer B, Köchling P (Hrsg.) (1994) Praxisratgeber Altlastensanierung, Systematische Anleitung für eine erfolgreiche Sanierung belasteter Flächen. WEKA, Augsburg

Franzius V, Stegmann R, Wolf K (Hrsg.) (1989) Handbuch der Altlastensanierung. v. Decker, Heidelberg

Frese H (1987) Einsatz von geophysikalischen Bohrlochmessungen bei hydrogeologischen Bohrungen, Entwicklung und Stand der Technik. Firmenprospekt Tegeo, Celle

Geological Society of America (1975) Rock color chart. Boulder, Colo.

Glässer W, Meyer D E, Wohnlich S (1995) Handbuch für die Umweltsanierung, Hydro- und ingenieurgeologische Methoden bei der Boden- und Grundwassersanierung im Altlastenbereich. Ernst, Berlin

Gloxhuber C, Wirth W (1985) Toxikologie. Thieme, Stuttgart / New York

Hake G, Grünreich D (1994) Kartographie. de Gruyter, Berlin / New York

Hatzsch P (1991) Tiefbohrtechnik. Enke, Stuttgart

Heinz W F (1985) Diamond drilling handbook. South African Drilling Association, Johannesburg

Herrmann R (1981) Querschnittsstudie Bohrungen/Probenahme. Veröffentlichungen des Grundbauinstitutes der Landesgewerbeanstalt Bayern, Nürnberg

Hölting B (1992) Hydrogeologie. Enke, Stuttgart

Hommel G (1980) Handbuch der gefährlichen Güter. Springer, Berlin / Heidelberg / New York

Homrighausen R (1993) Bohrungen für Erkundungen von Altlasten, Industriestandorten und Deponien. bbr 10/93, Müller, Köln

Homrighausen R, Lüdeke U (1990) Ausbau von Grundwassermeßstellen, Dichtigkeit von Ausbaumaterialien und Wirksamkeit von hydraulischen Barrieren im Ringraum. bbr 7/90, Müller, Köln

Imhof E (1972) Thematische Kartographie. de Gruyter, Berlin / New York

International Association of Drilling Contractors (1974) Drilling manual, Houston, Tex.

Institut Francais du Petrole (1978) Drilling data handbook, Paris

Kempter E H K (1966) Guide for lithological descriptions of sedimentary rocks (Tapeworm), Port Gentil

Kowalewski J B (1993) Altlastenlexikon. Glückauf, Essen

Kronberg P (1984) Photogeologie. Enke, Stuttgart

Kronberg P (1985) Fernerkundung der Erde. Enke, Stuttgart

Kühn R, Birett K (1988) Merkblätter gefährliche Arbeitsstoffe. ecomed, Landsberg

Landesamt für Wasser und Abfall Nordrhein-Westfalen (1989) Leitfaden zur Grundwasseruntersuchung bei Altablagerungen und Altstandorten. LWA-Materialien 7/89, Düsseldorf

Landesumweltamt Nordrhein-Westfalen (Hrsg.) (1995) Anforderungen an Gutachter, Untersuchungsstellen und Gutachten bei der Altlastenbearbeitung. Materialien zur Ermittlung und Sanierung von Altlasten, Essen

Lautsch H, Pilger A (1982) Karte, Riß, Profil und Nordrichtung I, Grundlagen und Bezugssysteme. Clausthaler Tektonische Hefte 18. Pilger, Clausthal-Zellerfeld

Leuchs W (1989) Strategien und Techniken zur Gewinnung von Feststoffproben, Probenahme bei Altlasten. LWA-Materialien 3/89, Düsseldorf

Mattheß G, Ubell K (1983) Lehrbuch der Hydrogeologie I, Allgemeine Hydrogeologie, Grundwasserhaushalt. Bornträger, Berlin / Stuttgart

Meyer W (1991) Geologisches Zeichnen und Konstruieren. Clausthaler Tektonische Hefte 17, Pilger, Clausthal-Zellerfeld

Ministerium für Ernährung, Landwirtschaft, Umwelt und Forsten Baden-Württemberg (Hrsg.) (1987) Altlasten-Handbuch, Teil I: Altlastenbewertung, Stuttgart

Moore P L (1974) Drilling practices manual. PennWell, Tulsa, Okla.

Mühlfeld R, Mückenhausen E, Grüneberg F, Ruder J (1981) Fernerkundung in Geologie und Bodenkunde. In: Bender (Hrsg.) Angewandte Geowissenschaften, Band I. Enke, Stuttgart

Niedersächsische Akademie der Geowissenschaften (Hrsg.) (1990) Geopotential in Niedersachsen, Wegweiser zu geowissenschaftlichen und geotechnischen Institutionen sowie Firmen, Hannover

Niedersächsisches Landesamt für Bodenforschung (Hrsg.) (1990) Anleitung zum Erstellen hydrogeologischer Schichtenverzeichnisse, Hannover

Niedersächsisches Landesamt für Ökologie (Hrsg.) (1994) Anforderungen an Siedlungsabfalldeponien in Niedersachsen, Deponiehandbuch, Hildesheim

Niedersächsisches Landesamt für Wasser und Abfall (Hrsg.) (1990) Grundwassergüte-Meßnetz Niedersachsen, Niedersächsische Richtlinie für die Auswahl, den Bau und die Funktionsprüfung von Meßstellen, Hildesheim

Niedersächsisches Umweltministerium (Hrsg.) (1993) Altlastenprogramm des Landes Niedersachsen, Altablagerungen, Altlastenhandbuch I, Allgemeiner Teil, Hannover

Preuß H, Vinken R, Voß H-H (1991) Symbolschlüssel Geologie, Hannover

Prinz H (1982) Abriß der Ingenieurgeologie. Enke, Stuttgart

Richter W, Lillich W (1975) Abriß der Hydrogeologie. Schweizerbart, Stuttgart

Rumler R (1989) Arbeitsmedizinische Aspekte bei der Sanierung von Altlasten. Die Tiefbau-Berufsgenossenschaft 10. Schmidt, Berlin

Sara M N (1994) Standard handbook for solid and hazardous waste facility assessments. Lewis, Ann Arbor, Mich. / Boca Raton, Fla. / London / Tokyo

Schäcke G, Lüdersdorf R, Quantz D (1988) Messung gesundheitsschädlicher Stoffe bei der Sanierung kontaminierter Grundstücke. Zentralblatt für Arbeitsmedizin 38. Haefner, Heidelberg

Schneider H (1988) Die Wassererschließung, Erkundung, Bewirtschaftung und Erschließung von Grundwasservorkommen in Theorie und Praxis. Vulkan, Essen

Schneider K J (Hrsg.) (1994) Bautabellen für Architekten. Werner, Düsseldorf

Schneider K J (Hrsg.) (1994) Bautabellen für Ingenieure. Werner, Düsseldorf

Schneider S (1974) Luftbild und Luftbildinterpretation. de Gruyter, Berlin / New York

Schubert R (1985) Bioindikationen in terrestrischen Ökosystemen. Fischer, Jena

Schultheiß S, Goos W (1993) Altlasten, Eine Einführung für Naturwissenschaftler, Ingenieure und Planer. Clausthaler Tektonische Hefte 28. v. Loga, Köln

Sehrbrock U (1991) Probenahme bei der Erkundung von Verdachtsflächen. Mitt. d. Inst. f. Grundbau und Bodenmechanik d. TU Braunschweig 35, Braunschweig

Slavik D, Voigt T (1982) Zum Nachweis von Komponenten der Wasserqualität. Konferenz Fernerkundung, Stand und Tendenzen, Karl-Marx-Stadt, Zentralinstitut für Physik der Erde (Hrsg.), Potsdam

Tiefbau-Berufsgenossenschaft (1987) Erdverlegte Leitungen, Schäden und Schutzmaßnahmen. „Die Tiefbau-Berufsgenossenschaft" 3, München

Traeger R K (ed.) (1987) The wellbore sampling workshop. Sandia National Laboratories, Houston, Tex.

United States Environmental Protection Agency (ed.) (1990) Handbook of suggested practices for the design and installation of ground-water monitoring wells. Las Vegas, Nev.

Verein Deutscher Ingenieure (1990) Messen von Vegetationsschäden am natürlichen Standort, Verfahren der Luftbildaufnahme mit Color-Infrarot-Film. Beuth, Berlin

Voßmerbäumer H (1991) Geologische Karten. Schweizerbart, Stuttgart

Whittaker A (ed.) (1985 a) Field geologist's training guide. IHRDC, Boston, Mass.

Whittaker A (ed.) (1985 b) Mud logging. IHRDC, Boston, Mass.

Whittaker A (ed.) (1985 c) Theory and evaluation of formation pressures. IHRDC, Boston, Mass.

Wilhelmy H (1975) Kartographie in Stichworten. Hirt, Kiel

Winkler W, Rothe G (1990) VOB Bildband, Abrechnung von Bauleistungen. Vieweg, Braunschweig / Wiesbaden

Witt W (1979) Lexikon der Kartographie. Deuticke, Wien

Zirm K, Schamann M, Fibich F et al. (1987) Luftbildgestützte Erfassung von Altablagerungen. Umweltbundesamt Wien (Hrsg.), Wien

Sachwörterverzeichnis

Seite

Abbildungen von Bohrkern und Bohrloch	105
abgeleitete Karte	3
Abschlußbauwerk	158; 163; 168
Abstandhalter	140; 143; 157
Air Lift	111
Akkommodation	37f
ALK	5
Altlastverdachtsfläche	1; 16; 29; 73; 137; 180
amtliche Karte	3; 25; 28
Anstrombrunnen	152; 175
ATKIS	4; 6
Aufsatzrohr	157f; 163; 166f
Ausbau	77; 87; 93; 102; 122ff; 151f; 156; 160ff; 166; 177; 182ff; 188; 195
Ausbaumaterial	163
Ausbauschema	156; 167f; 186
Ausbauüberwachung	166
Befliegungsmuster	30; 31
Bentonit-Zement-Suspension	158; 165
Beobachtungsbrunnen	152; 175
Berechnung des Ringraumvolumens	130
Beregnungsbrunnen	152; 167f
Betriebsplan	120
BHTV	106
Bildbasis	39f; 46f; 49
Bildformat	38; 45
Bildmittelpunkt	38ff; 46f
Bodenkappe	157; 163
Bodenkundlich-geologische Karte	1; 6
Bohr- und Spülungsparameter	78; 123
Bohranlage	78; 84; 87ff; 91ff; 106; 128; 148
Bohrbetriebsplan	120
Bohrbrunnen	154; 167f; 190; 192f
Bohrdurchmesser	164
Bohrfortschritt	91; 115
Bohrgerät	78f; 87ff; 92f; 101; 106; 115
Bohrgestänge	77; 84; 92ff; 103
Bohrhaken	91
Bohrkern	77; 88; 104; 106; 116ff; 123ff; 140
Bohrklein	98
Bohrkleinbeschreibung	132
Bohrlochkaliber	157; 167

Bohrlochmessung 122; 154; 186f; 194
Bohrlochtiefe 81f; 84; 122; 128; 130
Bohrmehl 99; 108; 118; 125
Bohrmeisterteufe 122
Bohrparameter 90f; 115; 138; 139
Bohrprozeßmeßtechnik 78
Bohrspitze 80; 119
Bohrstrang 77f; 88ff; 95; 98; 100; 102ff; 106ff; 111f; 114; 123; 129
Bohrung 6f; 10; 26; 59f; 68; 77ff;
 ...93; 103; 106f; 115; 120ff; 128; 138ff; 144ff; 164ff; 177; 181; 186ff; 190ff
Bohrverfahren 77; 79f; 88; 113ff; 121; 123; 126; 148
Bohrwerkzeuge 80; 85ff; 91; 96f; 100; 111
Brennweite 30f; 38f; 45; 49; 52
Brunnen 7; 10; 111; 114; 152ff; 160; 163; 167; 171; 173ff; 177; 190f
Brunnendreieck 158; 163; 165
Deponiebrunnen 152
Deponiegas 59; 63; 144; 162; 180; 184
Deponiegasmeßstelle 59; 64; 144; 180; 184; 186ff
Deutsche Grundkarte 3f; 6
Diamantbohrkrone 100; 103f; 126; 139
Diamantkrone 118
Diamantmeißel 96; 99f; 108; 118; 124
Dichtungsmaterial 160; 163; 165; 181
Dimensionierung von Bohrungen 164
direkte Spülung 78
Doppelkernrohr 102
Drainagerohr 181
Drehbohrung 80; 84ff; 96; 116ff; 124; 126
Drehschappe 80; 85ff; 116; 124; 127
Drehtisch 103
Drehzahl 90; 104; 115
Dreifachkernrohr 104
Drucksonde 169; 170
Durchführung mechanischer Bohrvorhaben 120
Durchspüler 107
Echolot 170f
Einfachkernrohr 88
Einfachmeßstelle 171
Einfolienmethode 46
Einlagerung von Bohrgut und Spülung 149
Entgasungsanlagen 122
Entwässerungsmuster 41ff
Entwässerungsnetz 35; 41
Erkundungsmeßnetz 177f

Erläuterungen	2; 6; 7; 9; 11
Erosionserscheinungen	108
Extrakern	142
Fallgewicht	83
Fangvorrichtung	84
Fann-Viskosimeter	107
Farb-Codes	134
Feldmethode	134; 135
Feststoffe	78; 91; 107
Feststoffkontrolle	92; 104
Feuerlöschbrunnen	167f
Filmmaterial	34
Filterkieskörnung	165
Filterkuchen	107; 129; 160
Filtermaterial	157; 162f; 165
Filterrohr	157; 163; 165; 167; 174; 181f
Filterstrecke	157; 160; 162; 167; 172
Flachbohrung	78; 93; 139
Fließgeschwindigkeit	106; 175
Flügelbohrer	111; 119
Flügelmeißel	96f; 117; 124
FMST	106
Förderbrunnen	152
Funktionskontrolle	166
Gammastrahlung	166
Gartenbrunnen	152
Gasführung	139
Gasmeßstelle	63; 114; 144; 184
Gefährdungspotential	64; 146; 186ff
Gegenfilter	158; 165
Geländenadir	38; 53
Gelstärke	91; 106f; 115
Genehmigung von Bohrvorhaben	120
Generalisierung	3; 22; 25f
geologische Aufschlußmethoden	77
geologische Karte	1; 6; 8f; 11
geologische Oberflächenerkundung	1; 29; 34; 59; 68; 114
geologischer Informationsgehalt	41
geologisches Profil	167f
geophysikalische Kontrollmessung	166
geophysikalische Vermessung	156
geowissenschaftliche Informationssysteme	1
Gestängeaus- und -einbau	91
Gesteinsbestimmung	134; 135

Gesteinstrümmer 142
Grautonabstufung 42
Grautonlinear 42
Grautontextur 42
Greifer 123
Greiferbohrung 80f; 115; 123
Größe und Form von Bohrklein 125
Großlochrollenmeißel 111; 119
Grundkarte 3f; 6; 17; 22
Grundwasser 170
Grundwassergeringleiter 156
Grundwasserhöhengleichen 173f
Grundwasserleiter 156f; 175
Grundwassermeßstelle ...10; 26; 152ff; 157f; 160ff; 166f; 171; 174; 177ff; 195
Grundwasserstockwerk 160; 173; 177
Hartmetallbohrkrone 101; 103f; 118; 126; 139
Hausbrunnen 152; 154; 167
historische Recherche 1; 62; 121
Hohlbohrschnecke 80; 87f; 117; 124; 127
hydraulische Sanierungsverfahren 164
hydrogeologische Karte 10; 14
Imlochhammer 112f
Imprägnation 101
indirekte Spülung 78
Industriebrunnen 152
Innendurchmesser 69; 98; 111; 129; 164
Innenkernrohr 84; 88; 102; 104f; 140
Interpretation von Bohrparametern 138
Kaliberverlust 98
Karte der präquartären Schichten 10; 13
Kelly 87; 91f
Kernbohrsysteme 77
Kernerhalt 102ff
Kernfänger 140
Kernfangfeder 70f; 83f; 88; 102; 127
Kerngewinn..81; 83; 85; 87; 96; 100; 103f; 110; 112; 115ff; 123f; 126ff; 139ff
Kernkrone 88; 100; 126
Kernprobe ....
    ...... 59; 63; 69; 72; 77; 81f; 86f; 113ff; 119; 123f; 126f; 131f; 142; 144; 192
Kernrohr 70; 80; 83f; 87f; 102ff; 140; 143
Kernsonde 70
Kernstück 105; 127; 140; 142f
Kernteilstück 140
Kerntrog 140

Kernverlust	73; 102; 127; 140; 142
Kiesbelagfilter	154; 157; 160
Kiespumpe	81f
Klarpumpen	160; 161; 188
Kloben	91
Kontamination durch Spülungszusätze	108
Kontaminationssituation	171
kontaminierte Stoffe	122
kontinuierliches Kernen	104
Kontrollbrunnen	152; 175
Konvergenz	37f
Korngrößenverteilung	165; 193
Kraftdrehkopf	90f; 103
Kübelbohrer	86; 116
Kühlung und Schmierung	77; 106f
Kurzpumpversuch	160
Lag Time	124; 128
Lager	97; 98
Längsüberdeckung	32; 39; 53
Lattenpegel	169
Lesesteinkartierung	138
lithologisch-stratigraphische Interpretation von Bohrkleinproben	138
Log	115; 128; 131; 134; 138f; 144
Löscher-Pumpe	111
Luftbild	1; 4; 16; 21; 26; 29f; 34ff; 38ff; 44ff; 52ff; 59; 64f; 73; 146f; 194
Luftbildkartierung	34; 44
Luftbildmosaik	32; 45
Luftbildpaar	32
Luftbildphotographie	33
Luftbildplan	53; 56f
Luftdruck	171
Lufthebeverfahren	80; 110f; 126
Luftspülung	108; 118
Mammutpumpe	111
Markierungsnut	105
Maßstab	1; 3; 4; 9; 22; 26; 30; 38; 40f; 46; 49; 52ff; 57; 63
Matrix	100f
Mehrfachmeßstelle	160; 171; 173
Meißelkörper	97
Meßgenauigkeit	170; 171
Meßstelle	59; 72; 144; 151ff; 162; 166f; 171; 174ff; 182; 185f; 196
Meßstellengruppe	171; 173
Meßstellennetz	177
morphologisches Linear	42

multitemporale Auswertung 1; 16; 18; 21; 25ff; 36; 55; 59
multitemporale Kartenauswertung 16
multitemporale Luftbildauswertung 35
Nachfall 72f; 124; 131
Nordrichtung 45; 195
Normalspülung 78
Nutsonde 69
Nutzungsvertrag 120
Oberflächenbesatz 101f
oberflächenbesetzte Diamantmeißel 100
orientierte Bohrkerne 104; 126
Orientierung 10; 30; 39; 40; 41; 47; 54; 105; 106; 142; 143
orthoskopisches Bild 4; 53; 56
Packer 164
Parallaxe 47
Pegel 152ff; 169; 170f
Pendelgarnitur 94; 102; 104
Photogrammetrie 4
Photographieren von Kernen 144
pH-Wert 91; 115
Pilotbohrloch 104
Planung von Bohrleistungen ....
.... 1; 3; 16; 36; 60; 64ff; 69; 74f; 120; 131; 146ff; 186f
Platzhalter 140; 143f
Polymere 107
private Karte 3
Probenerhalt 115
Profilschnitt 6f; 10; 17
Profiltypenkarte 11f
Pumpendruck 91; 115
Pumprate 91; 106; 115; 128ff
Pumpversuch 166
Quarzkies 157; 165
Quarzsand 157; 165
Quarzsandfilter 158
Querüberdeckung 32; 53
Radaraufnahme 29
Rahmenmarke 38
Rammbohrung 80; 83f; 116; 123
Rammdiagramm 84
Rammfilter 165
Rammfilterbrunnen 154; 162f
Rammkernbohrung 83
Reduzierung der Schadstoffmenge 122

Referenzlinie 105; 140; 142
Reihenmeßkammer 30; 38
Reinigung und Austrag 77; 106
Rekonstruktion der ursprünglichen Gesteinsabfolge 139
Rekultivierung 120; 148f; 188
repräsentatives Probenmaterial 123
repräsentatives und teufengenaues Bohrklein 128
Restsandgehalt 160
Richtbohrverfahren 114
Ringraum ....
   78; 91f; 104; 106; 111f; 125; 128; 138; 157; 158; 160; 162ff; 174; 181; 195
Ringraumkontrolle 166
Ringraumvolumen 129f
Rohrmaterial 152; 163; 184
Rohrverbinder 164; 167
Rollen 96ff; 100f
Rollenbohrkrone 100f; 103; 118; 126; 139
Rollenmeißel 97f
Roller 142
Rotaryverfahren 88; 102f; 126; 129
Rückstellprobe 72; 127
Salzwasserspülung 107
Sammler 152f; 175
Schacht 17; 66; 152; 169
Schachtbrunnen 168; 190
Schichtenerfassungsprogramm SEP 72; 137
Schichtenverzeichnis 137; 185; 196
Schlagbohrung 80f; 116; 123
Schlagdrehbohrung 80; 112f; 119; 126
Schlaghammer 69; 83
Schlagschappe 80f; 82f; 116; 123; 127
Schlammbüchse 81f
Schlitzweite 165
Schlupf 125; 170
Schneckenbohrer 80; 85ff; 116; 124; 127
Schrägbild 30
Schurf 182f
Schüttelsiebe 92; 107
Schutzrohr 158; 163; 165; 170; 182
Schwerstange 92ff; 103; 111; 129f
Seilkernverfahren 103; 126
Sektion 140; 143
Sickerwasser 59; 63; 72; 144; 151f; 162; 175; 180f; 184; 186ff
Sickerwasseraustritt 181

Sickerwassermeßstelle 63; 68; 72; 79; 144; 180ff
Sonde 68; 71ff; 164
Sonderleistungen 120
Sondierbohrgerät 68
Spiegelstereoskop 36; 39f
Spiralbohrer 80; 85; 87; 117; 124; 127
Spülbohrverfahren 77ff; 89; 91; 96; 100; 110; 112; 124; 128; 139
Spülung 77ff; 88; 91f; 98; 104; 106ff; 110ff; 122; 124ff; 128; 135; 137f 143
Spülungsgewicht 91; 107
Spülungskreislauf 92; 106
Spülungsparameter 91; 115; 122
Spülungsverluste 79; 91; 107; 108; 111
Spülungsvolumen 91
Spülungszirkulation 91
Spülungszusätze 107; 160
Stabilisatoren 94; 96
Stabilisierung 77; 106f
Stammakte 166; 185f
stationärer Strömungszustand 169
Statoskop 39; 53
Steilbild 30
Stereomikrometer 45; 48
Stereopaar 32
Straßenkappe 158; 163; 165
Stufenbohrer 111
Stufenmeißel 97; 117; 124
Sumpfrohr 157
Süßwasser 107
Symbolschlüssel Geologie 137
Tagesbericht 122; 149; 186
Teilen von Kernen 143
Teilproben 142
teufengenaues Probenmaterial 123
Teufenintervall 69; 123; 140; 142
Teufenzuordnung 124ff; 138
thematische Karte 2; 17; 22
Thermalscanneraufnahme 29
Tiefbohrung 78; 93; 138
Tilt 30; 39; 53
Tondichtung 158
Tongranulat 165
Tonminerale 107
topographische Karte 2ff; 17; 22; 33; 45
topographischer Informationsgehalt 40

Tragfähigkeit	9; 107; 114
Trinkwasserbrunnen	180
Trockenbohrverfahren	77f; 81; 83; 108; 127
Turbine	103; 108f
Überflurausführung	158
Übersichtskarte der oberflächennahen Rohstoffe	11
Überwachungsbrunnen	154; 156; 158ff; 164; 171ff
Überwachungsmeßnetz	178f
Überwachungszone	175f
Umkehrspülung	78; 108; 110
Unfallgefahr	120; 184
Unterflurausführung	158
Untermaß	98f
Untertageantrieb	103; 108; 114
Unterwassermotorpumpe	164
Ventilbohrer	80; 82f; 116; 123; 127
Verdrängungsbohrung	80; 113f; 119; 126
Verdrängungsmotor	108; 110
Verfüllung des Ringraums	161; 165
Verfüllung und Zementation	149
Verrohrung	79; 120; 122f; 130; 138; 148; 164
Verschleiß des Bohrstranges	108
Verschleißbild	98; 123
Verschleppung von Kontaminationen	63; 121
Vertikalbild	30; 38
vertikale Überhöhung	54
Viskosität	91; 106f; 115
visuelle Abschätzung von Gesteinsanteilen	132
Wandstärke	92; 94; 164f
Warzenmeißel	98f; 113; 117; 119; 124
wasserbasische Spülung	88; 107f; 110f; 113; 122; 124ff; 128
Wasserbeschaffenheit	151
Wassergüte	151
Wassermenge	64; 81; 106; 128; 146; 151
Wasserspiegel	170
Wasserstand	151; 169; 171
Weidebrunnen	152; 167f
Werkzeugbelastung	90; 115
Wühlbohrer	111; 119
Zahnmeißel	98f; 117; 124
Zentralprojektion	4; 33; 46; 53
Zentrierstück	157; 163
Ziehen von Verrohrungen	120; 148f
Zuflüsse	91

Springer und Umwelt

Als internationaler wissenschaftlicher Verlag sind wir uns unserer besonderen Verpflichtung der Umwelt gegenüber bewußt und beziehen umweltorientierte Grundsätze in Unternehmensentscheidungen mit ein. Von unseren Geschäftspartnern (Druckereien, Papierfabriken, Verpackungsherstellern usw.) verlangen wir, daß sie sowohl beim Herstellungsprozess selbst als auch beim Einsatz der zur Verwendung kommenden Materialien ökologische Gesichtspunkte berücksichtigen.

Das für dieses Buch verwendete Papier ist aus chlorfrei bzw. chlorarm hergestelltem Zellstoff gefertigt und im pH-Wert neutral.

Druck: Mercedesdruck, Berlin
Verarbeitung: Buchbinderei Lüderitz & Bauer, Berlin